跨越时空的相遇
中国古建筑装饰艺术解读

王 珍◎著

U0253961

安徽美术出版社

全国百佳图书出版单位

图书在版编目（CIP）数据

跨越时空的相遇 : 中国古建筑装饰艺术解读 / 王珍

著 . -- 合肥 : 安徽美术出版社，2024.8. -- ISBN 978-

7-5745-0674-9

Ⅰ . TU-092.2

中国国家版本馆 CIP 数据核字第 20243D0G24 号

跨越时空的相遇：中国古建筑装饰艺术解读

KUAYUE SHIKONG DE XIANGYU : ZHONGGUO GUJIANZHU ZHUANGSHI YISHU JIEDU

王　珍　著

出 版 人：王训海		责任编辑：史春霖	
责任印制：欧阳卫东		责任校对：陈芳芳　唐业林	

出版发行：安徽美术出版社

地　　址：合肥市翡翠路 1118 号出版传媒广场 14 层

邮　　编：230071

营 销 部：0551-63533604　　0551-63533607

印　　制：北京亚吉飞数码科技有限公司

开　　本：710 mm×1000 mm　1/16

印　　张：15

版(印)次：2025 年 1 月第 1 版　　2025 年 1 月第 1 次印刷

书　　号：ISBN 978-7-5745-0674-9

定　　价：86.00 元

前言

　　古建筑装饰艺术，是中式审美在建筑领域的完美体现，其形式多样，内容丰富。古建筑装饰艺术之美，美在形，美在韵，也美在技艺，是古人对美好生活的艺术想象，具有极高的审美价值与丰富的文化内涵。

　　本书带你穿越时空，穿梭于不同建筑空间，欣赏专属于中国人的浪漫的建筑艺术表达。

　　首先，带你了解古建筑装饰艺术的前世今生与独特魅力，从建筑雕塑、纹饰、彩绘中感悟古建筑装饰的丰富与极致美，领略独一无二的中式审美与东方意境。

　　其次，带你走进古建筑装饰艺术世界，于古建筑的不同建筑空间中，寻觅各美其美的装饰艺术。鸱吻、脊兽、宝顶等屋顶构件，将古建筑装饰得气派不凡；柁墩、雀替、斗拱等建筑构件，将古建筑打造得美轮美奂；门头装饰、门前装饰、窗棂纹样等门窗装饰，将古建筑衬托得惊艳绝伦；月台、螭首、栏杆等台基装饰，令古建筑庄严壮丽、韵味悠长。

最后，带你到不同的地方，探赏当地具有代表性的古建筑装饰艺术作品，诸如北京故宫的天花与藻井、岭南镬耳屋山墙、扬州五亭桥桥亭、苏州园林美人靠等，感受它们的艺术审美与地方风情。

总体而言，全书逻辑清晰，结构完整，文字细腻，配图精美，全方位地展现了古建筑装饰艺术之美。本书还特设"建筑韵事"版块，以进一步增强可读性与趣味性。

赏绝美建筑风采，悟装饰艺术雅韵。阅读本书，相信你定会更深刻地感受到古建筑装饰艺术的无穷魅力，在古建筑装饰的艺术世界中流连忘返。

作　者

2024 年 3 月

目 录

第一章　探赏古建筑装饰的魅力

第二章　从古建筑雕塑中领略中式风情

第三章　从古建筑纹饰、彩绘中探寻东方意境

第四章　碧瓦飞甍，气派不凡

第五章　雕梁绣柱，美轮美奂

第六章　朱门绮窗，惊艳人间

第七章　夯基垒台，传承千年

第八章　纵目古今，品悟古建筑装饰精髓

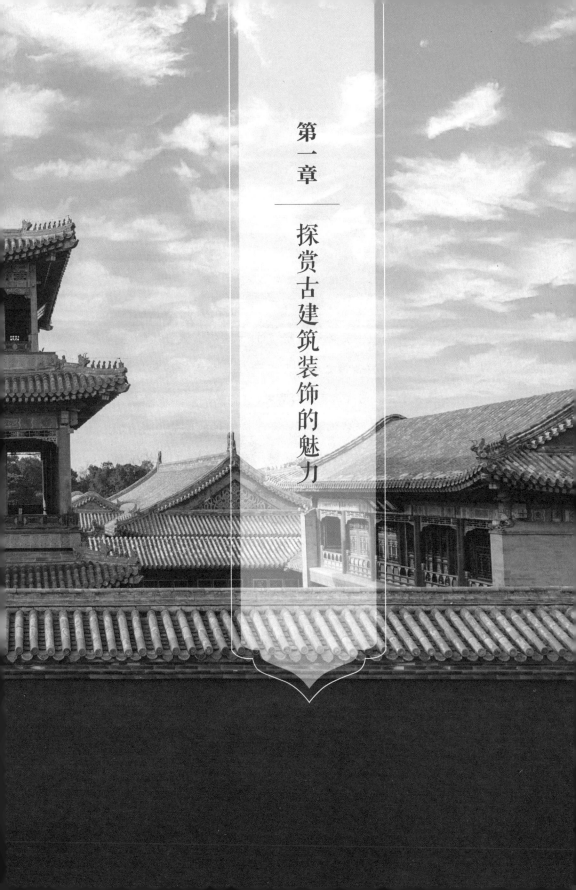

第一章

探赏古建筑装饰的魅力

在华夏大地上，屹立着众多的古建筑，或壮美绚丽，或古朴庄重，其装饰之美之雅之奇往往令人心醉和惊叹，充分展现了古人的建筑审美与智慧。

中国古建筑的装饰赋予了古建筑别样的视觉冲击力和艺术美感，体现了不同历史时期、不同地域人们的审美风尚，也体现了民族个性和传统文化的美学特征。

中国古建筑装饰艺术的前世今生

中国古建筑装饰艺术历史悠久，其随着古建筑的发展而发展。据考证，早在原始社会时期，远古人类便开始采用以细泥、白灰抹面的方式来装饰墙体和地面。

到了商朝时期，建筑工艺有了长足的进步，这从发掘出的这一时期的规模浩大的宫城遗址可以看出。考古发现，商朝时期，人们已经开始使用特殊的装饰构件来美化屋脊，这为后世建筑的发展奠定了坚实的基础。

春秋时期出现了木建筑彩画的雏形，其被施加在房梁、天花等处，给原本朴拙、简素的木构建筑平添了几分色彩。

秦汉时期出现了规模宏大、巍峨瑰丽的建筑群，建筑装饰艺术也进一步发展。这一时期，人们开始重视屋顶的装饰，屋顶的形制与风格也开始变得多样化起来，比如汉代的屋顶已有了硬山顶、两坡悬山顶、歇山顶、攒尖顶等形制。

汉"四神"瓦当之青龙瓦当

此外，汉朝时期屋顶上的瓦当也变得越发精美，其纹饰多样，有各种动植物纹样及云纹图案等。比如，汉代的"四神"瓦当上分别饰以青龙、白虎、朱雀、玄武图案，无不生动鲜活、栩栩如生，其工艺精细程度令后人啧啧称赞。

三国至魏晋南北朝时期，人们越来越重视门窗的装饰，门上的铺首式样得到进一步发展，直棂窗也变得越来越流行。另外，这一时期的建筑雕塑、壁画工艺亦发展迅速，为建筑增色不少。

到了唐代，随着木构建筑的创新与发展，建筑装饰艺术亦空前繁荣。这一时期的建筑屋顶造型平缓、斗拱硕大，门窗风格简朴，整体呈现出典雅、大气的装饰特色，将大唐风范展现得淋漓尽致。

宋代建筑相较唐代而言结构较为简约，风格越发挺秀，整体趋于精细化。这一时期的建筑屋顶造型变得陡峭，屋角起翘较为明显，房屋基座、栏杆大多工艺精湛，隔扇门式样繁多。①

明清时期的建筑越发注重装饰功能性部件，如门窗、梁柱、藻井

---

① 庄裕光. 屋宇霓裳：中国古代建筑装饰图说 [M]. 北京：机械工业出版社，2013：16.

等，都精雕细琢，极具美感。比如，明清时期的木雕隔扇门窗装饰纹样复杂，极为讲究，包括六角形纹、梯形纹等几何纹饰，"喜鹊登梅""五蝠捧寿"等动植物纹饰，以及"桃园结义""岳母刺字"等人物故事纹饰。明清时期的宫殿建筑的藻井往往大面积采用雕刻、彩画工艺，有的还使用贴金技法，整体精美至极。如北京故宫千秋亭藻井、万春亭藻井，无不瑰丽壮美，绚烂至极。

北京故宫万春亭藻井

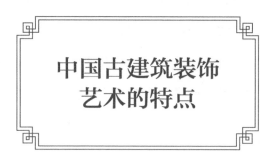

中国古建筑装饰
艺术的特点

　　中国古建筑装饰艺术在发展的过程中，吸收了包括绘画、雕塑等在内的其他艺术形式，形成了装饰类别丰富多样、装饰纹样精彩纷呈、装饰色彩美不胜收等特点。

 ## 装饰类别丰富多样

　　中国传统建筑装饰类别丰富多样，主要有木雕、石雕、砖雕、彩绘等。其中，木雕主要运用于古建筑的门楼、梁枋、雀替、天花、藻井、木柱、门窗等部位，能营造或绚丽华贵或雅致朴素的装饰效果。

石雕主要分布在柱础、柱头、台基、栏板等处，能营造或庄重古朴或精巧繁复的装饰效果。砖雕主要分布在屋脊、檐口、门楼、窗楣、照壁、墙面等处，既能加强古建筑的稳定性，又具有或精致大气或朴素自然的装饰效果。彩绘包括壁画、彩画等，壁画主要分布在墙面、天花等处，彩画主要分布在梁枋、雀替等处，壁画和彩画能产生或富丽堂皇或优美典雅的装饰效果。

徽州古民居门头、门罩的砖雕装饰

装饰纹样精彩纷呈

中国传统建筑装饰纹样数不胜数，精彩纷呈，博大精深。一般来讲，传统建筑上的装饰纹样可分为具象和抽象两大类。

具象纹样包括龙、凤、麒麟、狮、虎、马、鹿、鹤、龟、蝙蝠等动物类，梅、兰、竹、荷、松、柏等植物类，文房四宝、葫芦、扇子、横笛等器物类，历史人物、戏剧人物等人物类，等等。

抽象纹样常见的有卍字纹、龟背纹、拐子龙纹、双距纹、连珠纹、棋格纹等。这些装饰纹样常出现在古建筑的门、窗、藻井、柱础上，将古建筑装扮得熠熠生辉，彰显了古人的建筑审美。

古建筑上的龙纹彩画

古建筑上的人物图案木雕

 装饰色彩美不胜收

　　中国古建筑之美，美在造型，亦美在色彩。中国古人将绚丽的色彩用于建筑装饰中，无论是大面积色块的铺陈，还是小面积色块的点缀，抑或是冷暖色彩之间的对比，都使得古建筑更具艺术冲击力，与周围环境相得益彰。

　　古人将赤、白、黑、黄、青视为"五方正色"，在古代建筑中几乎处处可见这五种颜色的身影。比如北京故宫、颐和园、拙政园等宫殿建筑及园林建筑，将"五方正色"运用得出神入化，色彩丰富绚丽。

光彩夺目的颐和园

色彩绚丽的拙政园

各美其美，各绽芳华

中国古代建筑装饰艺术源远流长，在历史行进的过程中，不同地域的古代建筑形成了不同的装饰特点，可谓各美其美，各绽芳华。

 ## 丰富至极的京津冀地区古建筑装饰

北京、天津、河北等地区的古代建筑主要有宫殿、皇家园林等官式建筑及四合院等民间建筑，它们有着各自的风采。

这一地区的宫殿及皇家园林建筑规模庞大，装饰华丽精致、丰富至极。比如，北京故宫内的石雕装饰随处可见，其中最引人注意的是

北京故宫三大殿之一保和殿后的云龙石雕，即"云龙阶石"，其雕工
之精湛、繁复，令人叹为观止。

北京故宫保和殿云龙石雕

　　另外，这一地区的宫殿及皇家园林建筑大多色彩浓艳、绚丽，给人以辉煌壮丽、美不胜收之感。比如，北京故宫、颐和园、承德避暑山庄内的建筑大多采用黄色或绿色的琉璃瓦，配上朱红色的宫墙和柱子、白色的汉白玉栏杆，以及沥粉贴金、花纹绚丽的彩画，令人仿佛置身于色彩的海洋，情不自禁地感叹古人的色彩装饰智慧。

　　北京、天津、河北一带的民间建筑大多风格简洁、庄重、质朴，多采用砖雕、石雕、木雕装饰，做工精致，无比生动、考究。比如北京四合院的门楼、山墙、瓦头、影壁等处常见有各种图案的砖雕，细节繁复精致，色调沉稳淡雅，令人赏心悦目。再如，天津民居石家大院内分布在门楼、影壁、屋脊等处的石雕与砖雕，题材丰富，栩栩如生。

北京故宫内的汉白玉栏杆与朱红色的宫墙相得益彰

承德避暑山庄水心榭配色绚丽

天津石家大院砖雕

淳朴生动的陕晋地区古建筑装饰

　　陕西、山西等地区的古代建筑装饰极其讲究，且沉稳大气、气势宏伟。这一地区最具代表性的古代建筑莫过于陕西窑洞及山西一带的民居大宅，如陕西子长安定古镇窑洞、山西乔家大院等。

　　陕西安定古镇窑洞常采用石雕、木雕等建筑装饰，石雕造型淳朴大气，木雕采用线雕、透空雕、混雕等手法，精美生动，整体复杂多变。

　　山西乔家大院一般采用"一正两厢"的建筑布局，以木雕、石雕等装饰为主，院墙一般用灰青色的砖砌成，房屋内部的门窗与柱大多刷黑漆，整体色调凝重和谐，给人以古朴典雅之感。

山西乔家大院的装饰

优美细腻的吴越地区古建筑装饰

　　吴越地区主要涵盖江苏南部及浙江等地。分布于此地的古建筑包括民居建筑、园林建筑等多种不同的类型。这一地区的民居建筑及园林建筑有着装饰精致、优美、细腻的特点。

　　吴越地区的民居建筑外观普遍以黑、白、灰为主色调。比如，南浔古镇上的民居建筑，一般为白墙灰瓦，简素淡雅，极具古意。

　　吴越地区的园林建筑亦十分注重对细节和装饰的处理。比如，网师园、留园等苏州园林建筑大多十分注重门楼的装饰，一般用料讲究，由质量上乘的水磨无缝砖砌成；门楼上通常饰有砖刻，图案复杂精细，如八骏图、鱼龙戏水图等，工艺精湛，极具艺术表现力。

古意盎然的南浔古镇传统民居建筑

　　另外，苏州园林内的建筑木构装饰遍布各处，有着做工精细、式样繁多、色调和谐等特点。

　　苏州园林内还有一些别出心裁的装饰手段，往往令人眼前一亮，比如游廊上的窗户形状各异，古色古香；园林中的小径有的由青砖、碎瓦铺就，有的由碎瓷片、鹅卵石铺就，图案千变万化，既有简单的几何图案，也有复杂的珍禽异兽、花木、宝器等图案，十分美观，趣味盎然。

苏州留园内精美的铺地图案

繁复精致的岭南地区古建筑装饰

岭南地区主要包括广东部分地区、广西东部等。这一地区的古建筑风格多样，主要包括庙宇建筑、民居建筑、祠堂建筑等，建筑线条富有层次感，具有浓郁的地方建筑特色。

岭南地区的古建筑在装饰上最鲜明的特点莫过于综合运用砖雕、陶塑、灰塑、木雕等不同材质和形态的雕饰去装扮建筑构件，将装饰雕塑艺术运用得出神入化，整体有着繁复精致、疏密匀称、美轮美奂的特点。比如广州陈家祠外墙上的砖雕错落有致，精美绝伦，细节处纤巧玲珑、细如发丝，令人叹为观止。

岭南人自古崇尚黑色，经常运用黑色去装饰建筑。比如，岭南的民居和妈祖庙中遍布黑色。此外，岭南建筑还经常使用灰色、灰青色来搭配黑色，再加上绚丽的陶塑，形成了岭南建筑独特的色彩风貌。比如，广州陈家祠陶塑脊饰规模浩大，色彩浓重、绚丽，搭配黑瓦青砖，极具视觉冲击力。

广州陈家祠绚丽的陶塑脊饰

中西合璧的岭南古建筑

清朝时期的一些岭南古建筑在装饰上借鉴了不少西方的建筑装饰构件或其他元素，典型的有欧式柱、铁柱栏杆、西洋线脚、券形拱门、欧式百叶窗等，形成了中西合璧的艺术效果，令岭南古建筑更具特色。

比如，广府民居西关大屋横门门头上往往镶嵌着彩色"蝴蝶窗"。这种窗户图案生动而独特，颜色绚丽，带有强烈的西洋风格。另外，西关大屋外墙上的窗洞也都镶嵌有彩色玻璃。这些西洋装饰元素的运用，结合砖雕、木雕等中国传统装饰手法，构成了西关大屋独特的建筑魅力。

西关大屋"蝴蝶窗"

古建筑装饰之美：
一眼千年，穿越古今

中国古建筑之美跨越千年，历久弥新，令全世界都为之惊艳，而古人的建筑装饰智慧和审美情趣亦超越古今，对现代建筑产生了深刻的影响。如今，很多现代建筑师将古建筑装饰构件及相关元素合理运用到现代建筑装修、设计中，都取得了令人意想不到的效果。

比如，古建筑常见的歇山顶、庑殿顶、悬山顶、攒尖顶等屋顶结构，斗拱、飞檐、雀替等建筑构件，赋予了古建筑独特的韵味与美感。一些现代建筑师将其融入现代建筑设计中，取得了良好的设计效果。

河南开封博物馆的主楼整体呈"山"字形，采用单檐歇山顶，上覆黄琉璃瓦。远远望去，整座建筑古朴典雅、雄伟壮观，堪称古典与现代完美结合的建筑精品。

现代建筑师除了借鉴古建筑屋顶造型与构件，还从古建筑其他部位的构件中汲取灵感。比如，上海世博会中国馆在设计、建造之初，借鉴了古建筑的斗拱、柱造型，上拱下柱，形如华冠，使得整座建筑呈现出独具韵味的艺术美感，带给人们眼前一亮的视觉效果。另外，建筑上部的斗拱层层叠加，下部的方柱沉稳有力，两者相结合，大大增强了整座建筑的稳定性。

在古建筑装饰艺术中，建筑色彩及装饰纹样占据着重要的地位。于是，一些现代建筑师选择将中国传统色、传统纹样运用在现代建筑立面、门窗等部位中，大大增加了建筑古韵，提升了建筑的观赏价值。

可见，将古代建筑装饰艺术融入现代建筑设计中，既能赋予现代建筑独特的美及深厚的文化内涵，增强实用性，也能令传统建筑美学在新时代焕发活力，并代代传承下去。

值得一提的是，古建筑装饰构件，如石雕、木雕、彩画等，很容易受到环境的影响，因此保护工作非常重要。近年来，人们对古建筑及其装饰构件的保护意识显著增强。计算机、测绘、地理信息系统等学科及相关技术的高速发展，更是为古建筑保护打开了数字化新世界。如今，数字化技术在古建筑领域的应用已较为普遍，比如相关专家曾使用三维激光扫描技术对山西五台山佛光寺东大殿等古建筑进行测量、建模，并对古建筑内的壁画、雕塑等进行数字化勘察与分析，从而得出更精准的残损变形评估，并据此制订更具针对性的修复方案。

简而言之，古建筑装饰保护是一项任重而道远的工作，需要我们不断地探索、研究。

第二章

从古建筑雕塑中领略中式风情

在我国古建筑中，雕塑艺术是不可或缺的重要组成部分，发挥着重要的装饰作用。古人将建筑装饰的设计巧思与丰富的情感倾注于雕塑，以砖雕、木雕、灰塑、陶塑等不同的形式表现出来，展现了精湛的雕塑技艺，也体现出独特的东方审美。

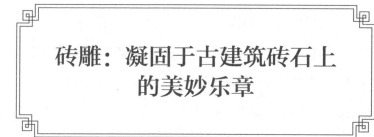

砖雕：凝固于古建筑砖石上的美妙乐章

砖雕，是在砖上进行雕刻的技艺，也是一种建筑装饰艺术。中国古建筑砖雕多以青砖为雕刻材料，其图案精美，工艺精湛。如果将古建筑比作一首宏大的交响乐，那么砖雕就是其中一段美妙的乐章。

 ## 砖雕的前身：画像砖

画像砖是一种有图像的砖，采用拍印或模印方法制成。东周瓦当、秦砖，以及汉、魏晋南北朝时期的画像砖等，均为砖雕技艺的形成和发展奠定了重要基础。

唐宋以前，画像砖主要用于装饰陵墓的墓室，多采用模印或表面线雕，表现内容主要为人物、动植物和社会生活场景，与墓主人的生前生活相关或具有美好的寓意。

比如，汉代上人马食大仓画像砖，为浅浮雕兼阳线刻，表现的是贵族乘坐马车去赴宴或归来的场景，画面线条简约、动静结合、布局清晰；南朝万岁千秋画像砖，刻画了神话传说中代表长寿的瑞兽万岁和千秋，造型精美，雕工精湛。

随着画像砖雕刻技艺的成熟，至唐宋时期，砖雕发展成为一种独立的建筑装饰艺术，并广泛流行。

汉代上人马食大仓画像砖

南朝万岁千秋画像砖

类型丰富的砖雕

根据不同的分类方法，砖雕可分为不同的类型。

根据雕塑工艺，砖雕可分为平雕、浮雕、透雕、圆雕等。

根据题材，有以山水、花卉、人物、动物、典故或神话故事等为表现内容的砖雕。

通常，砖雕会表达吉祥寓意，寄托了古人的美好期望。

狮子砖雕

福字砖雕

花卉砖雕

鲤鱼跃龙门砖雕

八仙过海砖雕

 散落于古建筑中的砖雕艺术

在中国古建筑中，砖雕扮演着重要的角色。它们散落于古建筑的门楼、影壁、屋脊等各处，装饰着古建筑。比如，苏州古城区"质厚文明"门楼上的状元游街砖雕、山西万荣李家大院影壁八仙砖雕、河南安阳修定寺塔塔身砖雕、广州陈家祠墙体砖雕等，这些砖雕艺术装扮着古建筑，令古建筑更加灵动，富有观赏性和浓厚的艺术气息。接下来我们通过修定寺塔砖雕和广州陈家祠砖雕了解一下砖雕的艺术魅力及其装饰效果。

修定寺坐落于河南省安阳市，是一座唐代琉璃砖塔，塔高16

米，周身以连续的菱形砖雕装饰，每一块菱形砖为一个单元，砖雕有3000多块。

修定寺塔的砖雕内容丰富，有侍女、童子、武士、力士、真人、仙女等人物造型，也有神龙、猛虎、狮子、天马等动物造型，还有莲花、忍冬等花卉图案，每一个图案都栩栩如生。各图案用卷云纹分割、连接，砖雕装饰繁复而精致华美，将古塔装饰得更加华丽壮观。

广州陈家祠，又称"陈家祠堂""陈氏书院"，位于广东省广州市，建成于清光绪年间，有砖雕、灰塑、陶塑等多种建筑装饰。

广州陈家祠的砖雕装饰面积广、规模大，建筑的外墙、墀头、檐下等均有砖雕装饰。其中，以正面外墙上的6块大型砖雕最为华丽，内容分别为"梁山聚义""刘庆伏狼驹""百鸟图""五伦全图""梧桐杏柳凤凰图""松雀图"，采用了浮雕、圆雕、透雕等多种雕塑手法，人物、动植物形象生动，空间布局合理，雕刻精细，展现了广府传统建筑砖雕的精湛艺术水平。

唐代修定寺塔塔身砖雕（局部）

广州陈家祠"梁山聚义"砖雕

石雕：一块石头，就是一片艺术天地

石雕，是以石头为雕塑材料，通过雕琢刻塑，形成具体的雕塑艺术形象。石雕雕刻方法多样，造型精美，常用于古建筑表面和建筑内外空间，起装饰作用，为古建筑增光添彩。

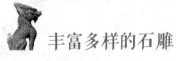 **丰富多样的石雕**

石雕雕刻技艺丰富，有浮雕、圆雕、线雕等不同类型：浮雕是在石料表面雕刻有立体感的图像，根据雕刻层次可细分为浅浮雕、高浮雕；圆雕是立体雕刻造型艺术；线雕以线条粗细、深浅营造立体感，

在建筑上应用较多。一件完整的石雕，往往需要综合运用上述多种雕刻技艺才能呈现出美轮美奂的艺术效果。

随着石雕技艺的不断发展，古建筑装饰石雕发展迅速并得到广泛运用。如秦汉时期体量大、刀法简练、风格古朴的庭院石雕和墓前石雕，唐宋时期大气、写实、简约的石窟石雕、牌坊石雕、陵墓石像生等，明清时期做工精细、繁复的石柱础、门枕石、门前石座、墙壁石雕、石桥雕、石碑、石牌楼等。

 古建筑石雕的集大成者

从秦汉到明清，石雕一直是陵墓建筑中重要的装饰性、纪念性和仪卫性元素。另外，在石桥、石门、石牌楼等处，也常见到造型各异、雕琢精美的石雕。

陵墓石雕

陵墓石雕分布于陵墓建筑内外各处，主要有仪卫性石雕（石兽、石人）、石壁雕刻、石碑等。

陵墓仪卫性石雕始于秦，兴于汉，主要有石兽、石人等，在陵墓中或陵墓外陈列，起到装饰陵墓空间、表彰死者生前功业的作用。如西汉霍去病墓中的"马踏匈奴"石雕，以石马脚踏匈奴士兵为造型，战马雄壮彪悍，匈奴士兵面相凶残、处境狼狈，表现了霍去病出击匈奴、戎马征战的赫赫战功。

石壁雕刻是陵墓石雕的重要组成部分，多用石刻壁画演绎墓主人的生前故事，表现其伟岸形象。比如唐昭陵中的"昭陵六骏"浮雕石刻，以唐太宗李世民征战沙场所骑的六匹战马"拳毛骟""什伐赤""白蹄乌""特勒骠""青骓""飒露紫"为原型雕刻而成。六骏石雕造型生动，形态各异，歌颂了李世民在唐王朝建立过程中所取得的丰功伟绩。又如唐乾陵朱雀门外的"六十一蕃臣像"排列整齐，服饰各异，与真人等高，线条简练有力，彰显了当时大唐王朝的雄厚国力。

霍去病墓中"马踏匈奴"石雕

　　石碑是古代陵墓的纪念物或标记石刻，多镌刻文字，意在阐述陵墓构建过程、记述墓主人的生平。

唐昭陵六骏之飒露紫（仿刻）

唐乾陵六十一蕃臣像（局部）

石桥石雕

　　中国古代石桥建筑雕刻主要集中在石栏柱、石栏板等部位，雕刻的艺术形象主要有龙、凤、狮子、麒麟等传统吉祥物，也有梅、兰、竹、菊等植物花卉图案。这些雕刻不仅起到了很好的防护作用，而且具有较高的艺术观赏价值。

　　北京卢沟桥形态各异、数量众多的狮子石雕，北京故宫断虹桥栏板上的百花、龙纹雕刻及莲花座石望柱雕刻，南京平江桥桥墩上的学子拜师图、求学图、访友图、赶考图石浮雕，河北赵县赵州桥栏板上的蛟龙石雕，四川泸州龙脑桥的龙、象、麒麟雕塑等，都是我国现存建筑装饰艺术水平较高的石桥石雕。

卢沟桥石雕

断虹桥望柱石雕

赵州桥栏板石雕

龙脑桥桥身石雕

木雕：精工细作，姿态万千

木雕从木工中细分而来，指在木材上进行雕刻，属于"精细木工"。木雕常用于木结构建筑，是古建筑的重要组成部分，展现了我国传统民间艺术的魅力。

 精致多样的木雕

木雕有工艺木雕和艺术木雕之分。常见的工艺木雕有木质家具雕刻、文房四宝等，常见的艺术木雕有木雕艺术摆件、木建筑构件雕刻等。

在雕刻技艺上，木雕也有圆雕、浮雕、透雕等之分。不同雕刻技艺表现出不同的艺术效果。

根据不同地域木雕特点，木雕还分为泉州木雕、东阳木雕、乐清木雕、潮州金漆木雕等众多流派，不同流派的木雕呈现出鲜明的地域特色。

 ## 古建筑木雕的风采

建筑木雕是我国现存种类最齐全、数量最多的装饰雕塑，且工艺和观赏价值极高。我国现存木结构古建筑的屋顶、屋脊、屋檐、斗拱、雀替、天井、门窗、大柱、柱础等建筑部位，均广泛分布着各类木雕装饰，构成我国古建筑上最华丽、最丰富的装饰亮点。

得益于雕刻材料的可塑性，木雕更加精致，对细节的刻画可以更加深入，大到飞檐斗拱，小至花窗门楣，都可以雕琢得精美异常。此外，建筑木雕的艺术题材也非常广泛，人物、鸟兽、虫鱼、花卉、山水，以及各类吉祥图案等均可雕刻得惟妙惟肖。

我国现存木结构建筑的木雕艺术，以北京故宫建筑的木雕成就最高，山西晋中、皖南徽州、浙江东阳、广东潮汕等地的古建筑木雕各具特色，是我国建筑木雕中的佼佼者。[1]

———————————

[1]　孙大章.中国古代建筑装饰：雕·构·绘·塑[M].北京：中国建筑工业出版社，2015：6.

山西王家大院古建筑木雕

广东潮州己略黄公祠的金漆木雕

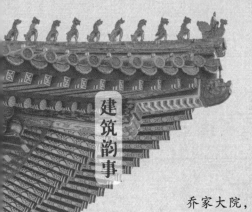

乔家大院的木雕

乔家大院，又称"在中堂"，位于山西省祁县，始建于清乾隆二十一年（1756年）。其含6个大院，内套20个小院，建筑规模宏大，建筑装饰精美异常。

乔家大院的建筑雕塑有石雕、砖雕、木雕，其中以木雕分布最为广泛，随处可见。比如，乔家大院的每个院的正门上都有木雕人物装饰，图案各不相同，有八骏马图、三星高照图、财神喜神图、百子图等，这些木雕线条流畅、雕刻精致、寓意吉祥。房屋内部的天花板、梁、门窗、柱头等各处也有风格古朴、纹样丰富、栩栩如生的木雕装饰。

乔家大院大门上的木雕

灰塑：成就岭南传统建筑的别样风韵

  灰塑，俗称"灰批"，是一种以石灰为主要材料的传统雕塑艺术，广泛流行于我国广东广州地区。

  灰塑艺术起源于唐代，普及于宋代，流行于明清，一直流传至今，应用广泛。

  灰塑由匠人现场炼制灰泥，再经构图、批底（制作造型底子）、塑型、上彩等程序制作而成。制作完成的灰塑耐酸、耐碱、耐热，即使是长期暴露在岭南地区湿热的环境中也不容易掉彩、脱落、开裂。

  灰塑工艺主要用于宅院、祠堂、寺观等建筑的屋顶之上，既可防止屋顶瓦片被风吹落，又能起到很好的装饰作用。

  古建筑中的灰塑工艺多以民间故事、仙佛形象、花鸟、鱼虫、瑞兽等为创作题材，形象生动，主题通俗易懂，主要表达吉祥平安的寓意，以及教育百姓遵循道德规范。

　　佛山顺德清晖园、广州陈家祠（陈氏书院）、顺德乐从陈家祠、广州光孝寺、广州塱头古村落建筑群等建筑上的灰塑，是我国灰塑建筑装饰的代表。这些古建筑上的灰塑题材丰富、形象鲜明、雕刻精细、用色丰富，地方特色鲜明，是建筑艺术的瑰宝。

佛山顺德清晖园"白木棉九鱼图"灰塑

广州陈家祠"桃园结义"灰塑

广州陈家祠"夜游赤壁"灰塑

陶塑：妙琢陶土，为古建筑添彩

陶塑，是以陶土为原料，通过多种手工技艺创作而成的雕塑艺术品，典型代表有秦兵马俑、汉代陶塑、唐三彩等。陶塑还是古建筑构件的重要组成部分，起着装饰古建筑的作用。

陶塑艺术工艺复杂，须先用陶土堆砌塑出大体模型，再精雕细琢成具体的人物或动植物形象，之后再将调配好的天然矿物釉、植物釉涂于陶塑表面，随后经过严格的入窑烧制得到"一色入窑，

出窑万彩"的陶塑艺术品。将不同的陶塑构件拼装、组合，附于建筑表面，便可构成雕刻精美、构图和谐的建筑构件。

陶塑制品一般位于庙堂、宫观等建筑的屋面正脊或屋顶之上，构成脊饰。比如，广州陈家祠正脊陶塑、四川成都武侯祠屋顶陶塑等，多为立体圆雕，其题材丰富，富有故事性，长长的组图附着在整个正脊之上，缤纷亮丽，层次分明，精彩纷呈，令建筑更具文化内涵和艺术表现力。

广州陈家祠正脊陶塑（上层）与灰塑（下层）

第三章

从古建筑纹饰、彩绘中探寻东方意境

古建筑纹饰及彩绘都是古建筑装饰艺术的重要组成部分。古建筑装饰纹样、图案内涵丰富、寓意美好，体现了古人超越时代的审美和独特的生活情趣，彰显了国风美学。古建筑壁画、彩画工艺精湛、绚丽万千，凸显了古建筑的魅力，展示了东方文化的深厚底蕴，令古建筑熠熠生辉，彰显了东方韵味。

古建筑装饰纹样：寓意丰富，彰显国风美学

在古建筑装饰艺术中，装饰纹样发挥着独特的作用，是古代人民建筑智慧的结晶和审美趣味的体现。

古建筑装饰纹样丰富多样，且都有着美好的寓意。其中较为常见的有几何纹样，如云纹、卐字纹、回纹、冰裂纹、如意纹等。这些纹样常被用于古建筑的门、窗、梁枋、天花、影壁、铺地等处，或作为其他装饰纹样的底纹，或作为边饰搭配使用，起到烘托装饰主题、增强装饰效果的作用。古建筑几何纹样大多是富贵、吉祥、如意的象征，喻示人们对美好生活的追求与向往。

在古建筑装饰纹样中，幻想动物类纹样也比较常见，其中最具代表性的有龙纹、凤纹、麒麟纹、朱雀纹等。它们主要被用于屋脊、房梁、柱、门等处，能够增强古建筑的气势，使得古建筑更加庄重华

丽，富有神韵。同时，龙、凤、麒麟、朱雀等幻想动物类纹样一般喻示尊贵、吉祥，是身份、地位的象征。

现实动物类纹样在古建筑装饰纹样中占据重要的地位，常见的有鹤、乌龟、狮子、鹿、鱼、大象、羊、蝙蝠等。其主要被用于门、窗、梁枋、屋脊、墙、影壁等处，一方面起到加固房屋的作用，另一方面能美化建筑部件，衬托得古建筑越发雄伟壮观，充满魅力。

现实动物类纹样一般都喻示美好。比如，乌龟、鹤纹样代表人们对健康、长寿的期望；狮子象征着权力、威严，古人经常运用石刻狮纹来装饰古建筑；鹿谐音为"禄"，是好运的征兆，表达了古人对

古建筑冰裂纹木雕

东汉石墓门朱雀雕刻

北京故宫红墙上的双龙戏珠图案

加官进禄的祈盼；鱼，喻示"年年有余"，代表人们对富裕、稳定的生活的追求与渴望；大象、羊有富贵、吉祥、长寿的寓意；蝙蝠的"蝠"谐音"福"，被古人认为是幸福的化身，寄托着人们对圆满生活的希冀。

植物类纹样包括牡丹花、石榴花、芙蓉花、松树、菊花等，主要用于门、窗、梁枋、雀替、墙、影壁等处的装饰。其与建筑周围的自然景观相映成趣，能增添建筑美感，将古建筑装扮得优美典雅、韵味十足。

山西王家大院内影壁上的仙鹤图案

北京故宫红墙上的植物图案

　　植物类纹样也有着丰富的寓意。比如，牡丹花是高贵的象征，代表人们对富贵生活的追求；石榴花喻示人们对"多子多福"的祈盼；芙蓉花的"蓉"谐音"荣"，喻示荣耀、吉祥；松树、菊花代表人们对长寿的祝福；等等。

　　另外，在古建筑上，不同类型的纹饰、图案可以搭配使用，由此产生不同的寓意。比如，古人将松树和仙鹤的组合称为"松鹤延年"，将仙鹤和楼阁的组合称为"海屋添筹"，这一类图案寄托着人们对身体安康、无病无灾、益寿延年的祝福与期望；将凤凰和牡丹相配称为"凤栖牡丹"，将牡丹和玉兰、海棠相配称为"玉堂富贵"，这一类图案喻示富贵与吉祥，表达了人们对财源广进、幸福如意的渴望；将龙、凤与其他元素组成"龙凤呈祥"图案，代表了人们对婚姻幸福的期望与祝福；等等。

北京故宫太和殿宫墙上的植物纹样

　　古建筑纹饰通过线条与色彩的巧妙组合，最大限度地衬托、突出了古建筑的美。同时，古建筑纹饰里还藏着古人的生活态度，表达了古人对平安、健康、富足、安乐及子孙繁荣昌盛的祝福与祈盼。

聊城山陕会馆植物图案漏窗

古民居松鹤延年砖雕照壁

壁画：传神灵动，
美化古建筑墙面

　　古人善于用壁画装饰建筑墙面，其内容丰富多样，有的重新演绎神话和历史故事，有的则再现了当时的社会生活场景，都十分传神灵动，为古建筑增色不少。

　　壁画主要分布在古代墓葬、石窟、寺观、祠堂、民居等建筑中，能营造或浪漫绚丽或悠远宁静的氛围，起到点亮居室、美化环境、加强建筑特色的作用。

　　比如，敦煌莫高窟壁画总共4万多平方米，分布在洞窟墙壁、甬道顶等处，其题材丰富，颜色鲜艳、厚重，画法精湛，极具美感，将整个石窟装扮得如同一座神秘宫殿，令人目眩神迷，流连忘返。

　　山西芮城永乐宫的壁画同样闻名古今，且有着独特的装饰效果。芮城永乐宫是我国现存规模最大的道教宫观，建于元代，这组古代建筑群外观庄重古朴，气势恢宏，内部墙壁上则绘满精美壁画，越发凸显了建筑的古韵。尤其是永乐宫主殿三清殿壁画《朝元图》，保存良好，极为华美壮丽。

《朝元图》分布于大殿四壁，画匠用细腻的笔触描绘了帝王、玉女、神将等多个不同的形象。这些无不形神俱备，活灵活现，为大殿增添了不少光彩，令人见之忘俗。

在一些传统民居、祠堂中也经常能看见装饰性壁画的身影。比如徽州彩绘壁画，其被广泛运用于徽州古民居和祠堂的外墙、门楣、窗楣等处，题材丰富，以人物、山水、花鸟居多，一般以墨线勾勒而成，用色清雅简淡，富有韵味，与马头墙、花格窗相得益彰。

敦煌莫高窟壁画（局部）

永乐宫三清殿《朝元图》(局部)

徽州民居门、窗上方的壁画

徽州民居墙壁上的壁画

彩画：锦色万千，凸显古建筑的华美

　　彩画是中国传统木构建筑的主要装饰手法之一，已历经了几千年的发展，其以锦色万千、富丽典雅的装饰效果在中国传统建筑装饰史上留下了浓墨重彩的一笔。

　　古建筑彩画以油彩为原材料作画，容易风化，故早期建筑彩画遗存较少，不过我们依然可以通过相关文字记载来感受早期建筑彩画的风采。比如，汉代张衡曾在《西京赋》中描写当时的宫廷建筑"雕楹玉碣，绣栭云楣。三阶重轩，镂槛文梲"，传为汉代刘歆所著的《西京杂记》中也有"椽桷皆刻作龙蛇，萦绕其间"的记载，这说明早在汉代，宫廷建筑就绘有各式彩画，对建筑起到装饰作用。①

---

①　雷子强，雷子军，杨浩.浅析中国古建筑彩画的演变及发展[C]// 2017年山东社科论坛：首届"传统建筑与非遗传承"学术研讨会论文集.济南：中国儒学年鉴社，2017：115.

到了唐宋时期，随着木构建筑的发展，建筑彩画在技法方面亦有了长足的进步。比如，唐代彩画开始使用退晕技法，装饰效果显著加强。到北宋时期，彩画已经有了五彩遍装、碾玉装、青绿叠晕棱间装、解绿装、丹粉刷饰五种不同的类型，大多色彩鲜艳，图案华丽，将建筑装扮得富丽堂皇。

到了明清时期，建筑彩画发展越发成熟、规范。明代建筑彩画以青绿色调为主，构图更为规整，主要分为官式、民间两种做法。其中，明代官式彩画色泽鲜艳、饱满，用金量较大，装饰性极强。清代建筑彩画继承明代彩画，也以青绿为主。相比于民间彩画，清代的官式彩画工艺更为复杂、精细，给人以瑰丽奇巧之感，颇受当时人们的重视。清代官式彩画主要分为和玺彩画、旋子彩画、苏式彩画三大类，有着不同的装饰特点。

古人将绚丽多姿的彩画施于传统木构建筑上，产生了非同凡响的装饰效果。与此同时，彩画还对建筑表面起到保护作用，避免木构建筑被虫蚁蛀蚀，从而延长建筑的使用寿命。

锦色万千的彩画

和玺彩画：富丽堂皇，璀璨生辉

　　和玺彩画是清代建筑彩画中一种等级极高的彩画，主要用于皇家宫殿及坛庙等重要建筑的图案装饰。其雏形产生于明代中后期，在清代趋于定型。因装饰用途特殊，和玺彩画的内容以象征皇权的龙、凤等纹样为主，沥粉贴金，花纹绚丽，灿烂辉煌。

　　和玺彩画主要分布于木构建筑的梁枋、雀替、柱头等处，其构图十分严谨，为三段式构图，不同部分用类似于水波纹的几何线条（竖"W"形状）隔开。中间部分的方格形状，名为"方心"（也有"枋心"的说法），"方心"内绘制龙、凤等图案。"方心"两边是"找头"（也有"藻头"的说法），内绘绚丽的纹样。"找头"外相继为"盒子""箍头"。

　　和玺彩画的主体框架线条及"方心""找头"内的龙、凤纹样等都施以金箔，整体璀璨、绚烂，给人以繁复精致、金碧辉煌的视觉印象，尽显皇家气派。

根据纹饰的不同，和玺彩画分为龙和玺彩画、龙凤和玺彩画、凤和玺彩画、龙草和玺彩画、梵文龙和玺彩画等。这些和玺彩画又有着不同的等级。其中最高等级的是龙和玺彩画，一般用于皇帝登基、理政的宫殿，比如北京故宫太和殿、乾清宫等宫殿。

简而言之，和玺彩画无论纹饰、做工还是用料，都是彩画中的最高规格，堪称皇家艺术的瑰宝，在中国传统建筑彩画史上有重要的地位。

构图严谨的和玺彩画

北京故宫太和殿和玺彩画

颐和园仁寿殿和玺彩画

旋子彩画：既素雅又华丽的 "蜈蚣圈"

旋子彩画是清代官式彩画之一，其图案花纹由明代旋花纹演变而来，看起来很像圆形的水旋，故称为"旋子"。另外，它还有着"蜈蚣圈""圈活"等别称。

旋子彩画最早出现于元代，清初便已定型。旋子彩画在等级上仅次于和玺彩画，主要用于装饰皇宫中的次要建筑、帝后陵寝建筑、王府主要建筑、寺院、道观建筑等。[①]

旋子彩画梁枋檩大木构件构图方式与和玺彩画类似，为三段式构图，中间为"方心"，长度约为整个梁枋檩构件的三分之一，常见的有云龙方心、锦纹方心、空方心、一字方心、花方心、凤纹方心等。

---

① 蒋广全.中国建筑彩画讲座：第三讲：旋子彩画 [J].古建园林技术，2014（02）：10.

一字方心旋子彩画

方心左右两侧分别设有"找头""箍头"等。

旋子彩画以蓝、绿色为主色调，以黑、白、金色作为点缀色，整体给人以既素雅又华丽的视觉印象。

按照构图、设色等的不同，旋子彩画主要可分为八种不同的形式，即浑金旋子彩画、金琢墨石碾玉旋子彩画、烟琢墨石碾玉旋子彩画、金线大点金旋子彩画、墨线大点金旋子彩画、金线小点金旋子彩画、雅伍墨旋子彩画、雄黄玉旋子彩画。无论哪一种旋子彩画，都极具艺术魅力和令人赞叹的装饰效果，衬托得古建筑越发庄重华丽，气势雄伟，同时也将中国古代人民的劳动智慧和审美情趣展现得淋漓尽致。

北京故宫旋子彩画

北京太庙旋子彩画

北京天坛长廊旋子彩画

苏式彩画：纷繁绚烂的 "官式苏画"

苏式彩画是明清官式彩画之一，简称"苏画"，还有着"官式苏画"的别称。其等级低于和玺彩画和旋子彩画，整体纷繁绚烂，极具艺术美感。

苏式彩画起源于江南苏州地区，大约在明朝时期传入北方，并与北方建筑彩画相融合，形成独特的艺术风格。

苏式彩画主要用于装饰皇家园林、私家园林建筑及高规格的民居等。与和玺彩画、旋子彩画相比，苏式彩画题材更广泛、丰富，图案多变，以花鸟鱼虫或历史人物、神话故事为主，画面活泼、雅致，颇具情趣之感。

基于不同的构图方式，苏氏彩画主要分为方心式苏画、包袱式苏画、海墁式苏画三种。

　　方心式苏画的主体架构类似于旋子彩画，中间为"方心"，两边为"找头""箍头"，其纹饰丰富多样，一般画在"方心""找头"内。包袱式苏画的构图极具特点，其中间的方心变成一个半圆形的框，框内画有各种图案，色彩丰富绚烂，远远望去，像极了一块近圆形的彩色巾帕搭在梁枋上。海墁式苏画构图更为自由、随意，常见的形式是在建筑物的梁枋大木两端绘上"箍头"纹饰，不设包袱，"箍头"内绘满特定的植物纹样。①

　　此外，按照工艺、用金量的不同，苏氏彩画还可分为金线苏画、金琢墨苏画等不同的形式。

颐和园长廊上的苏式彩画

---

①　杨红.清代皇家建筑苏式彩画[J].收藏家，2005（7）：45.

简而言之，苏氏彩画用细腻的线条、绚丽的色彩、生动活泼的图案将古建筑装扮得无比清丽典雅，令人回味无穷。

别具一格的包袱式苏式彩画

苏式彩画包袱内生动形象的图案

北京恭王府，清代彩画艺术的宝库

北京清代王府建筑遗珍恭王府内彩画遍布，有着"清代彩画艺术宝库"的美誉。

恭王府内的现存彩画种类丰富，包括和玺彩画、旋子彩画、苏氏彩画等多种不同的类型，皆保存完整，具有极高的观赏价值。

恭王府内的彩画纹饰丰富，包括龙纹、凤纹、仙鹤纹、蝙蝠纹等动物纹饰，竹纹、兰花纹、牡丹花纹等植物纹饰，以及寿字纹、卐字纹等吉祥纹饰，无不生动鲜活。

恭王府内的彩画色彩鲜艳绚丽，构图饱满，工艺精细，处处瑰丽夺目，使王府内的大小建筑在彩画的映衬下越发富丽、壮观。

恭王府梁枋上的彩画

第四章

——

碧瓦飞甍，气派不凡

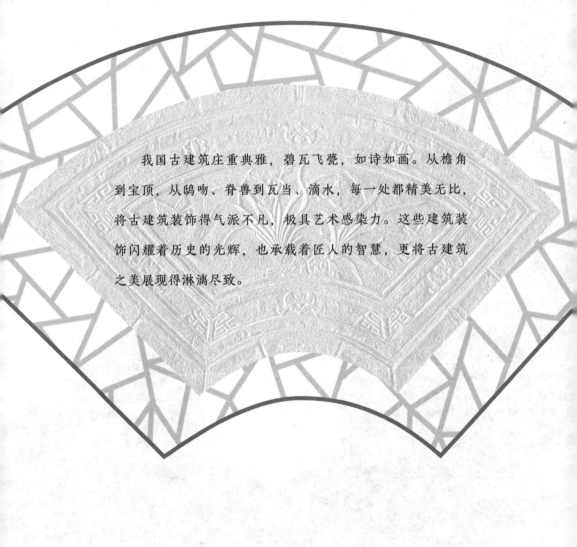

　　我国古建筑庄重典雅，碧瓦飞甍，如诗如画。从檐角
到宝顶，从鸱吻、脊兽到瓦当、滴水，每一处都精美无比，
将古建筑装饰得气派不凡，极具艺术感染力。这些建筑装
饰闪耀着历史的光辉，也承载着匠人的智慧，更将古建筑
之美展现得淋漓尽致。

屋顶：中国古建筑的冠冕

　　古建筑中，无论是宫殿、民居，还是亭台楼阁，可无门无窗，却不能缺少屋顶，可见屋顶的重要性。

　　作为古建筑的冠冕，屋顶位于建筑的最高处，令人瞩目。古建筑的屋顶实用美观，其线条流畅，飞檐优美，上面的脊兽形象灵动，将古建筑衬托得气势非凡。

　　中国古建筑屋顶形制丰富多样，大致包含以下几种。

　　庑殿顶，屋顶由一条正脊、四条垂脊组成，五脊四坡。重檐庑殿顶是我国古建筑中等级最高的屋顶，北京故宫太和殿的屋顶为重檐庑殿顶。

　　歇山顶，分上下两部分，上半部为硬山顶或悬山顶，下半部为庑殿顶，屋顶有一条正脊、四条垂脊、四条戗脊，共九条屋脊。山西五台山南禅寺大殿的屋顶就是典型的单檐歇山顶。

北京故宫太和殿重檐庑殿顶

悬山顶，又称挑山顶，屋顶由一条正脊、四条垂脊组成，五脊二坡，屋顶两侧突出山墙。

硬山顶，屋顶由一条正脊、四条垂脊组成，五脊二坡，屋顶两侧不出山墙。很多宫殿和寺庙的附属建筑常采用这种形式的屋顶。

攒尖顶，屋顶为锥形，无正脊，有圆攒尖、三角攒尖、四角攒尖、八角攒尖等多种形式。攒尖顶常见于亭阁式建筑，比如天坛的祈年殿就是典型的圆形攒尖建筑。

卷棚顶，又称元宝顶，两坡出水，两坡相接处呈弧线曲面、无明显外露的正脊，屋顶没有中脊。卷棚顶线条柔和流畅，被广泛用于园林建筑中。

除此之外，清水脊、盝顶、盔顶、十字脊顶等也是我国古建筑的常见屋顶形式。

五台山南禅寺大殿单檐歇山顶

鸱吻：正脊装饰中的神来之笔

鸱吻，又称鸱尾、螭吻、龙吻、大吻等，是我国古建筑屋顶上的装饰构件。鸱吻虽是小小一角，却犹如神来之笔，让屋顶更具变化性和灵动美。

鸱吻在汉代时期就已经出现。唐代中期以前，鸱吻多为上翘的神兽尾部。自唐中晚期开始，鸱吻形态开始从"尾"过渡到"吻"，出现鸱吻形制。明清以后，鸱吻形式逐渐丰富，无固定造型。

鸱吻位于古建筑屋顶正脊的两端，有着固定屋瓦的作用。此外，民间有传说称鸱吻为龙生九子之一，其立于屋脊之上，尾巴高翘，张口吞脊，又称"吞脊兽"，庇佑建筑免遭火灾。因此人们在屋脊建造鸱吻，以安居避火。同时，鸱吻还具有很好的装饰作用。鸱吻的原型为鱼或龙，后演变为各种瑞兽形态，造型多变、制作精美，为古建筑增色不少。

　　在古代宫殿建筑、寺庙建筑的屋脊、屋顶上常会见到鸱吻。目前
我国现存古建筑中，山西大同华严寺大雄宝殿屋顶上的五色琉璃鸱吻
是最大的鸱吻。其整体高度达 4.5 米，宽约 2 米，北端鸱吻系金代
遗物，南侧鸱吻为明代补制，尾部飞翘，造型精美。

大同华严寺大雄宝殿屋顶鸱吻

排排坐的小兽：垂脊、戗脊装饰的重点

在我国古建筑屋顶的垂脊、戗脊之上，经常可以看到数量不等、排排坐的小兽。这些小兽称为"脊兽"，它们在古建筑的高处压脊防水，同时装饰和美化建筑。

 ## 垂脊、戗脊上的神秘小兽

脊兽位于屋脊中的垂脊或戗脊之上，多为非木结构构件，可固定屋顶瓦片，同时防止屋顶高处的木构件遭受风雨侵蚀。

根据所处位置，脊兽有着不同的分类，具体可分为垂兽、蹲兽、戗兽等。在庑殿顶、悬山顶、硬山顶建筑中，除正脊外的屋脊称垂脊，垂脊之上，与垂脊一体的脊兽为垂兽，蹲在垂脊上的脊兽为蹲兽。在歇山顶建筑中，从垂脊的末端延伸到屋檐的一段屋脊称戗脊，戗脊之上，与戗脊一体的脊兽为戗兽，蹲在戗脊上的脊兽为蹲兽。

脊兽不仅实用而且美观，并富有美好寓意和象征意义，是垂脊、戗脊上的重要装饰，可以说是古建筑屋顶之上一道特别的建筑风景。脊兽在屋顶上整齐地排成一排，为建筑增添了许多灵性和趣味性，还能突出建筑的威严气势。

古人选取神兽作为脊兽装饰在垂脊、戗脊上，认为这些吉祥的小兽可以帮助他们逢凶化吉、消灭灾祸。

此外，建筑屋顶脊兽的数量还代表着建筑物的重要等级，脊兽数量越多，意味着建筑物的等级越高。

 北京故宫的脊兽

在我国现存古建筑中，北京故宫宫殿建筑众多，是脊兽出现最多的地方。

在北京故宫建筑中，脊兽数量最多的宫殿建筑为太和殿。太和殿的脊兽位于垂脊之上，每条垂脊上由 1 个骑凤（鸡）仙人引导 10 个脊兽，从骑凤仙人向后依次为龙、凤、狮子、海马、天马、狎鱼、狻猊、獬豸、斗牛、行什，重檐有 8 条垂脊，共 8 个仙人、80 个脊兽。

　　除太和殿外，北京故宫其他主要宫殿建筑，如保和殿、中和殿、乾清宫等建筑上也均有脊兽，只是数量不及太和殿的脊兽多。

乾清宫屋顶脊兽

骑凤仙人：引领脊兽的小队长

在古建筑脊兽的前方，通常会有一个骑凤仙人，也称骑鸡仙人、仙人骑鸡。它的建筑实用价值是固定垂脊末端的最后一块瓦件，同时也是屋脊装饰之一，相传其形象取自齐国齐闵王。

《史记》记载，战国时期的齐闵王曾战败逃至大河边，眼见无处可逃马上就要命丧黄泉，危急时刻有一只凤凰飞来让齐闵王骑在背上，齐闵王转危为安。古人借"乘鸡（吉）飞翔（祥）"的寓意，创造了骑凤仙人，让骑凤仙人坐在屋脊之端，喻示吉祥。

之后，骑凤仙人成为古建筑屋顶的重要组成部分，位于脊兽之前，如小队长般，引领一排脊兽，发挥着固定瓦片、装饰建筑的作用。

宝顶装饰：屋顶高处的绝美风景线

宝顶位于古建筑的最高处，是一个圆形或类似圆形的装饰，用于保护攒尖顶的雷公柱免受风雨侵蚀，是屋顶最高处的绝美风景。

在中国古建筑中，宝顶为攒尖顶建筑的"标配"。攒尖顶建筑的屋顶呈伞状，木构件从屋檐到屋顶逐渐收拢，到最高处汇聚在一处，为加固、装饰此处，宝顶应运而生。宝顶可覆盖建筑构件的交会处，使其免于暴露在空气中，同时可加固和保护房顶木柱（雷公柱）免遭雷击起火。当然，一些非攒尖顶建筑的正脊处也有设宝顶的情况，其宝顶装饰作用更强。

历经千百年的发展，古建筑的宝顶形制越来越丰富，有不同形状（圆形、方形、宝塔形等）、不同工艺（雕刻、彩绘、镏金等）、不同材质（铜质、铁质、琉璃等）的宝顶。这些宝顶或简约大气，或贵气华丽，或精巧秀美，演绎最高处的建筑之美。从北京故宫的交泰殿、万春亭，以及杭州净慈寺大雄宝殿的屋顶上，我们可以领略到宝顶的魅力。

北京故宫交泰殿铜胎镏金宝顶

北京故宫万春亭琉璃宝顶

杭州净慈寺大雄宝殿正脊上的宝顶

飞檐翘角：诠释旧时
建筑风采

中国古建筑以土、木、砖垒墙架顶，这些材料容易被风雨侵蚀，为了解决这一问题，古人将屋檐延长，为建筑遮风避雨、遮阳排水。[①] 屋檐飞翘，形似鸟翼，构成古建筑独有的时代特色与风采。

飞檐翘角的具体形状由建筑结构决定。在古建筑的屋檐处，最上层的椽木托起大尺寸的角梁，角梁向外延伸，由此构成两头翘起、中间稍平的流畅曲线，形成飞檐翘角的建筑外观。椽木与角梁接触形成的夹角不同，飞檐翘角的形状也会不同，或平缓或陡峭。

为了使屋檐更加美观，古代工匠便在飞檐翘角的形态上下功夫。比如，在屋檐上加上各种动物形象雕刻，或施以各种纹饰与彩绘，让

---

① 楼庆西 . 美轮美奂：中国建筑装饰艺术 [M]. 北京：中国建筑工业出版社，2013：107.

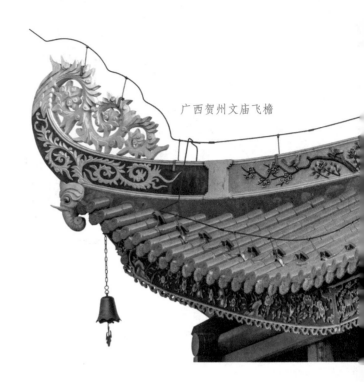

广西贺州文庙飞檐

厦门南普陀寺天王殿飞檐

建筑更加华丽和美观；根据建筑特色，调整飞檐翘角的弧度，优化建筑的轮廓。有了飞檐翘角的装饰，古建筑更加轻盈灵动，多了一分飘逸之感。

湖南岳阳岳阳楼飞檐

屋面瓦：提升屋宇颜值

　　瓦是我国古建筑的重要建筑材料，在屋顶上大面积使用。瓦不仅有挡风避雨、保温隔热等实用价值，还具有彰显建筑气韵、美化建筑外观的装饰作用。

　　根据瓦的材质，古建筑屋面瓦主要有灰瓦、青瓦、琉璃瓦之分。其中，琉璃瓦有多种颜色，如黄色、绿色、蓝色、黑色等。一般来说，民居建筑多用灰瓦，经济实惠；商贾或官员等大户人家的宅院或府邸多用青瓦，色泽鲜亮，可彰显贵气；宫殿、陵寝等建筑多用琉璃瓦，绚烂多彩，庄重华丽。可见，瓦在一定程度上也代表了建筑的等级。

　　平遥古城现存大面积的民居建筑，这些民居建筑以青砖灰瓦构筑，院落深深，房屋错落有致，风格古朴沉静。

　　安徽古徽州地区的徽派建筑以小青瓦、马头墙和建筑雕刻而闻名。其中，青瓦坚硬且颜色鲜亮，能够彰显出大户人家的财富与地位，而且青瓦与白墙，颜色一深一浅，搭配和谐，明朗素雅，构成一幅独特的中国建筑水墨画。

北京故宫内的建筑群大规模使用琉璃瓦。建筑屋顶的琉璃瓦做工精致，瓦面光洁，色彩明亮，美丽壮观。北京故宫宫殿建筑的屋顶多用黄色琉璃瓦，一片金碧辉煌，尽显皇家气派；皇子居住的南三所则是一片绿色琉璃瓦建筑，低调而富有生机；以黑色琉璃瓦覆顶、绿色琉璃瓦剪边的文渊阁简约大气、庄重典雅。

平遥古城民居屋顶上的灰瓦

徽派建筑中的小青瓦、马头墙

北京故宫屋顶上金碧辉煌的黄色琉璃瓦

北京故宫文渊阁屋顶上的黑色琉璃瓦

瓦当与滴水：屋檐上的"最佳拍档"

瓦当与滴水是古建筑屋顶边缘的建筑构件。瓦当位于每一行筒瓦的前端，用于固定和装饰筒瓦。滴水位于每两行筒瓦之间的凹处，有明显的向下的瓦尖，为屋顶的积水引流，方便滴水。瓦当与滴水常相伴出现，堪称古建筑屋檐上的"最佳拍档"。

瓦当的历史非常悠久，早在西周时期就已出现，发展至秦汉时期，已得到普遍应用，在汉代达到巅峰，此时文字瓦当广为流行，瓦当上常刻有"长乐未央""千秋万岁"等字样。之后瓦当被广泛应用于各类建筑中。

瓦当的形态多为圆形和半圆形，上面有各类精美的纹饰，常见的有几何纹、云纹、涡纹、兽面纹、"四神"（青龙、白虎、朱雀、玄武）纹、植物纹、文字纹等。

汉"白虎"瓦当

汉"玄武"瓦当

明绿琉璃凤纹瓦当

明黄琉璃龙纹瓦当

　　滴水是一种特殊的瓦，其与瓦当一样经历了漫长的发展时期。滴水的形态多为半圆形，也有三角形或如意形，上面有云纹、花草纹、鸟兽纹、文字纹等各类纹饰，十分精致，具有较高的观赏价值。

　　瓦当与滴水相伴出现，集绘画、雕刻、篆刻、书法等艺术于一体，共同守护建筑、装饰建筑，千百年来接受风雨洗礼，展现出古建筑屋檐低调而奢华的艺术美。

灰色兽面瓦当与花卉纹滴水

黄琉璃龙纹瓦当与龙纹滴水

其他饰物：演绎屋顶上的诗意美学

　　古建筑屋顶上的饰物多样，不同饰物分布在屋顶各处，除了鸱吻、脊兽、瓦当等，剪边和镇宅兽也对古建筑起着重要的装饰作用，演绎着屋顶上的美学艺术。

 剪边

　　剪边是古建筑屋檐边缘处的风景。为了凸显屋面色彩的变化，古人会在建筑的屋檐处铺与屋面瓦不同颜色的瓦，看上去仿佛屋檐处附着了一条色彩艳丽的彩带，这条彩带就是剪边。剪边极大地丰富了屋面色彩，让屋面更加辉煌华丽、生动活泼。

一些皇家建筑常会增加剪边装饰，这样既能保持低调，又能突出建筑本身的重要地位。比如北京故宫文渊阁和北京钟鼓楼，屋顶为黑瓦，设绿色琉璃瓦剪边。

北京钟鼓楼屋顶上的绿色琉璃瓦剪边

 镇宅兽

在古代，百姓在建造房屋时，为了求得家宅安宁、趋福避祸，会在屋顶上增设小兽、武士等形象的装饰，起到镇宅作用。根据各地风俗，这些镇宅兽有不同的称谓，如中原、苏南地区称"瓦将军"，云南称"瓦猫"，岭南地区称"风狮爷"。

瓦将军的形象多为武士、佛祖、菩萨，在屋顶的位置并不固

定，可在垂脊中间、飞檐翘角末端等处，与屋顶其他装饰上下或左右呼应。

瓦猫是云南民居正脊上的重要装饰，其是一个类似于猫但不是猫的四不像或麒麟形象，造型丰富，威武霸气。

风狮爷多为武士骑狮形象，主要发挥镇风辟邪的作用，以免房屋遭受海风、台风袭击，庇佑家人安康。

镇宅兽造型丰富，是古建筑屋顶重要的雕塑装饰，是百姓朴素心愿的艺术表达。

云南古建筑屋顶上的瓦猫

第五章　雕梁绣柱，美轮美奂

　　梁、柱是古建筑中体量较大的建筑构件，这为古人对其进行装饰和美化提供了较大的创作空间。古人将精美的雕刻、绚烂的彩绘以及寓意深远的图案和符号等装饰于梁、柱之上，赋予建筑富丽、华贵的艺术气息，给人以美轮美奂的艺术享受。

梁、枋、柱：解码古建筑经典构件

我国古建筑主要为框架式结构，在建筑用材上多以木结构建筑为主。千百年来，匠人们不借助钉子，而是仅仅依靠数量可观的榫卯结构连接各建筑构件，依次完成架梁筑屋的工程。在一个建筑主体上，不同建筑构件之间交错、层叠，进而构成坚固的建筑整体。

在古建筑构件中，梁、枋、柱是重要的大型承重构件，在建筑中发挥着不可替代的作用。梁是指古建筑进深方向、支撑房顶的横木。枋是指古建筑横向、两柱间连贯的横木。柱是指古建筑垂直方向的构件，也有石质的石柱。

梁、枋、柱均为完整的长条形建筑构件，体量大，且外显于建筑空间内外。为了使建筑内外的这些构件不显得那么单调，古代匠人便在其上施以雕刻、彩绘、贴金等装饰，这些装饰大多富丽、精致，有雕梁画栋、雕梁绣柱之美誉。

古建筑中的经典构件

柁墩：营造梁上的精彩世界

古代重要建筑，如院落的主屋、宫殿建筑往往高大、开阔，以更好地采光、通风或彰显气势，故从梁枋到屋顶天花板之间的空间开阔，常设多层梁枋，位于上下两层梁枋之间、承托并下传上梁重量的木块即为柁墩。

柁墩形式多样，一般为相对独立的方墩或长条木块，边缘或直或曲，或呈驼峰状。

柁墩不仅承担着承重任务，也是梁枋间的重要装饰构件，在梁枋之间形成半通透的过渡空间，饰以各种雕刻、彩绘，营造出梁上精彩的艺术世界，有"梁枋之眼"的美誉。

雀替：栖居在古建筑高处的云雀

雀替，又称角替、插角、托木等，位于古建筑的柱与梁或枋相交处。雀替具有一定的承重作用，可减少梁枋之间的跨距、增强梁头的抗剪能力，能避免梁枋因垂向荷载过大而变形。

从建筑物的正面看，雀替往往以立柱为中心，在立柱左右两侧呈轴对称分布状态，像柱子顶端的两对小翅膀，天然具有装饰作用，后来即使不需要加装雀替承重的建筑也常添加雀替用以装饰。一些特殊的雀替形式，如小巧灵动的小雀替、合二为一的骑马雀替、镂空或细棂条拼接的花牙子，成为古建筑重要的装饰构件。

雀替的雕刻、彩绘纹样繁多，常见纹饰有云纹、卷草纹、花卉纹、鸟兽纹等，也有表现人物或典故的雕刻或彩绘，表现内容可谓丰富多彩。雀替往往做工细腻，精致秀丽，形似一对翅膀，仿佛栖居在古建筑檐下的云雀，是屋檐下一道亮丽的风景。

木雕龙形雀替

雕刻与彩绘装饰相结合的雀替

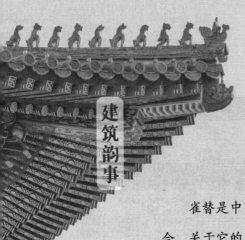

关于雀替的传说

雀替是中国古建筑中承重构件与装饰构件的完美结合，关于它的出现流传着这样一个传说。

大约在北魏时期，一户人家的男人们都奔赴沙场作战，家中只有一个妇人，妇人整日思念丈夫和儿子，孤苦无依，幸好有一只雀儿经常与她做伴。一日，风雨大作，妇人的房屋摇摇欲坠，雀儿飞到檐下用身体支撑房屋，妇人才躲过一劫。但雀儿却化身为木，与房屋连接在了一起。此后，枋柱之间的木构件便有了"雀替"之名。

雀替雏形最早见于北魏时期的石窟中。清朝时期，雀替的装饰性已经远远大于功能性，在我国古建筑中发挥着重要的装饰作用。

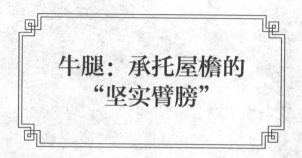

牛腿：承托屋檐的
"坚实臂膀"

牛腿是支撑屋顶出檐部分的建筑构件，位于古建筑立柱上端接触梁枋的位置上。牛腿可以衔接悬臂梁与挂梁，减轻梁支座的压力，其扮演着梁托的角色，是承托古建筑屋檐的"坚实臂膀"。

牛腿最初是突出于立柱外的木块，为丰富造型，多饰以木雕，使其显得不那么笨重，也更有观赏价值。

古建筑牛腿的雕刻内容丰富，有花鸟、瑞兽、人物等。我国南方地区古建筑的牛腿部分雕刻往往精美而复杂，有表现民间传说中人物形象的雕刻，也有表现戏曲故事的雕刻。其中，有单个人物雕刻，也有多个人物雕刻，不同人物错落分布、层层叠叠，仿佛一件精巧复杂的工艺品。

精美的木雕牛腿

斗拱：中国古建筑的灵魂

　　斗拱是位于立柱和横梁交接处的木建筑构件。斗拱通常节节相连，装饰华丽，形状如山。

　　斗拱是中国古建筑特有的建筑构件，是中国古建筑的灵魂，兼具实用性和装饰性。层层叠叠的斗拱构件，巧妙地分散了梁柱上的承重力，大大减轻了梁柱负荷。此外，斗拱构件高低错落，彼此通过榫卯连接，聚散有序，在建筑物剧烈晃动时能有效降低外部冲击力，可大大增强古建筑的抗震能力。

　　斗拱如层峦叠嶂的山峰，将屋檐向外、向远方延伸，使建筑的姿态舒展优美。同时，在斗拱之上描绘有各种色彩，或翠如山色，或蓝如晴空，另有金边勾勒，令古建筑绚丽多姿，更具艺术魅力。

绚丽多姿的斗拱

柱身装饰：质朴富丽各不同

古建筑的柱有多种类型，如方柱、圆柱等不同形状的柱子，木柱、石柱等不同材质的柱子，檐柱、角柱、垂柱、牛腿柱等不同功能和位置的柱子，还有华表柱、垂花柱等特殊形式的柱子。这些柱子是古建筑空间中垂直方向的重要构件，对古建筑起着支撑作用，同时装饰着古建筑。

雕刻是古建筑柱子上一种常见的装饰形式，雕刻内容有山水、花鸟、人物等，使得柱子精致典雅，具有艺术性，也反映出一定的社会文化。

比如，沈阳故宫大政殿盘龙柱，柱身缠绕着龙形雕塑，飞龙绕柱盘旋而上，庄严霸气。

再如，设于宫殿、陵墓等大型建筑物前的华表柱，柱身大多有龙纹浮雕，柱头多雕刻神兽，具有重要的装饰作用，可凸显建筑的威严壮丽。

　　彩绘也是古建筑柱上的重要装饰，通常在柱身饰红、黄、绿等多种颜色的漆，使建筑更加丰富多彩。比如，北京故宫的许多檐柱、廊柱多为朱漆木柱，色彩鲜艳亮丽，彰显了皇家气派。园林建筑中的柱子多涂绿漆，以与周围环境和谐搭配，流露出清新自然之气息。

　　此外，在一些重要建筑的出檐下会设吊柱，即垂花柱，柱头形状千变万化，雕刻与彩绘丰富绚丽，极具装饰效果。

　　总体而言，古建筑柱的柱身、柱头上立体、细腻的雕刻与彩绘，使柱子呈现出生动而华丽的艺术造型，为古建筑增添了许多视觉焦点与艺术魅力。

沈阳故宫大政殿盘龙柱　　　　曲阜孔庙大成殿龙柱

北京故宫内的朱漆木柱

柱础：古建筑低处的亮点

柱础，又称磉盘、柱础石、柱顶石，是位于建筑支撑柱下端、接触地面的用于承重的构件。

柱础的上端预留"海眼"，与柱子底部相连接，下端置于地面台基、夯土上，或半埋于地下。柱础的存在，可使柱子远离地面而防潮，也可避免因地面水分足、土壤松动而导致柱子塌陷。

作为柱子的奠基石，柱础的建造备受关注，人们不仅重视柱础的材质选择、造型设计，也重视柱础的装饰。古建筑的柱础有高有低，造型多样，有石鼓、宝装莲花、仰覆莲、覆盆等形式，柱础上雕刻花卉、鸟兽、人物等，风格或华丽或简朴，艺术表现力强，是古建筑低处不可错过的风景。

造型各异的古建筑柱础

第六章

———

朱门绮窗，惊艳人间

　　门窗是古建筑中分割或打通建筑内外空间的重要构件。古建筑门窗常装饰以雕刻、彩绘、文字等，精致美观，且富有无穷的变化。看着光影在门窗上跳动，我们仿佛置身于古代生活中，能切身感受到千百年前的匠人精神，以及人们对美好生活的向往。

门、窗：开启古建筑之美的钥匙

　　门、窗是古建筑供人出入，以及采光、通风、通气的重要构件。老子《道德经》中记载："凿户牖以为室，当其无，有室之用。"这里的户即门，牖即窗。

　　在长期的发展过程中，门、窗的形式不断发生变化，装饰工艺也日益复杂。比如，门从实心木门到有各种镂空雕刻、涂漆、彩绘的门，窗由只有边框发展到有直棂、方格、雕刻纹饰的花窗。门、窗已然成为人们装饰古建筑的重要构件，它们将古建筑装饰得美轮美奂。

　　门、窗的装饰之美不仅体现在外观上，更蕴藏于文化中。古建筑的门有等级之分，比如宅院大门上的门当数量象征着宅院主人的社会地位。花窗上的不同雕刻装饰寓意丰富，比如冰裂纹象征纯洁、清正，备受文人喜爱。民间百姓则喜欢使用福禄寿喜文字或典故图案

等寓意吉祥的纹饰装
点窗。

　　门、窗的建筑装饰
之美、文化之美，凝聚
了古人的生活智慧和建
筑审美，一直到今天仍
有广泛而深远的影响。

古建筑中精美的冰裂纹花窗

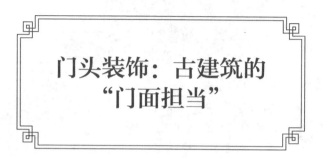

门头装饰：古建筑的"门面担当"

在古建筑的门框上方，有门楣、门罩、户对等装饰，或大或小，或简或繁，是古建筑的"门面担当"。

 门楣

门楣是正门门框之上的横梁（也称横档），多为厚实坚固的长木条或长石条，其上可题字、雕刻、彩绘或悬挂匾额，是门上的重要固定构件和装饰构件。

精致典雅的门楣装饰代表了主人家的家族文化和审美品位。门楣装饰汇聚了浇筑、雕刻、涂漆等多种工艺，所呈现出来的最终样式因主人的喜好而各不相同，既有代表高洁品质的"梅兰竹菊"雕刻，也有寄托长寿富贵意义的鹿或葫芦等吉祥饰物，题材多样，装饰或简或繁，各具其美。比如，江西赣州章贡区魏家大院的门楣上就刻有各种类型的图案，题材多样，精美细腻，寓意丰富。

门楣还是家族权力和地位的象征，我国元代就有"光耀门楣"的说法。通常，普通百姓家不设门楣，望族和官员的家宅才设门楣，且为官等级不同，门楣装饰的规格样式和华丽程度也不相同。

江西赣州章贡区魏家大院门楣上的精美雕刻

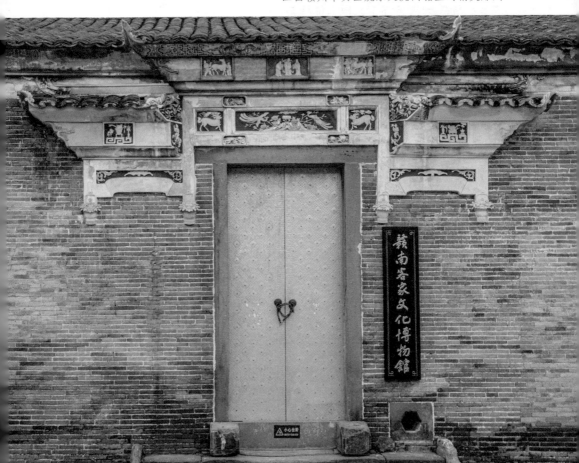

门罩

门罩位于门的上方，是从墙上突出来的一部分立体建筑装饰。门罩多为砖石雕刻，通常有柱、枋、瓦檐等建筑构件，风格大多古朴典雅、庄重大方，为大门增添了许多历史和文化底蕴。

古建筑常见的门罩有门楣式门罩、垂花门式门罩、牌楼式门罩等。

门楣式门罩多用砖雕装饰，简洁朴素。垂花门式门罩结合砖雕与木构立体垂花，繁复雅致。牌楼式门罩是"罩"与"楼"的复杂结合，规模较大，装饰工艺也更加复杂。

门罩不仅能遮风挡雨，保护大门和墙体，还能美化和装饰建筑。在各类古建筑中，徽派古建筑的门罩非常具有代表性。徽派古建筑的门罩上常会布满花鸟、人物、吉祥纹样等各类雕饰，题材丰富、图案精美，蕴含着美好的寓意。

 户对

户对位于门楣上或门楣两侧，一般为圆柱形或六棱形，向外突出，与地面平行，是门头上的重要装饰。

从古建筑结构的角度来看，户对并非必不可少的，它的存在仅仅

福

文献名家世簪缨

山青水秀坐贤人

安徽古徽州地区
徽派民居的门罩

是为了美观、祈愿，彰显门第。

户对多以雕刻、彩绘装饰，正面刻、绘吉祥图案，如花瓶、宝剑、鸟兽、文字等，雕工精细，多施艳丽色彩，有画龙点睛、让人眼前一亮的装饰效果。在北京恭王府的大门上，就可以看到户对绚丽的身影。

户对的形状一般为圆柱形和六边形。其数量有多有少，与主人家的官职有关。一般来讲，皇宫宫门上可设 9 个户对，官员一品、二品、三品、三品以下可分别设八个、六个、四个、两个户对，也有大户人家设户对的情况，只不过较少。户对往往成对出现，地位越高，门上户对数量越多。

北京恭王府大门上的户对

门扇装饰：彰显门第气度

我国古建筑的宅院大门为两扇对开门，院内建筑物的门多为多开门或联排的偶数门扇。无论哪种形式的门，门扇上一般都有雕饰、绘饰、嵌饰、金饰、贴饰等装饰。

 雕饰

门扇雕饰即门扇雕刻装饰。古人为了增加室内采光度，在木构门扇上雕刻棂条或格子等镂空图案。雕刻让门更加通透，室内采光度大大提高，也让门更美观。

清代建筑装饰之风盛行，门上雕刻装饰也日益精美、复杂化，门扇雕饰盛行。门扇雕刻内容与形式灵活，在一组门扇中，雕刻图案可相同可不同，有人物、动物、植物、几何图形等，纹样丰富。雕刻的图案和技法也不拘一格，有深雕、平面线雕、浅浮雕等。一扇门上可融合多种雕饰手法，一些门窗雕饰可呈现出整体镂空的效果。[①]

比如，云南建水朱家花园门扇的雕饰堪称精美绝伦。门扇上的雕刻图案丰富，既有人物雕刻，又有纹样雕刻，线条流畅饱满，内容变化无穷，令人眼花缭乱。

绘饰

门扇绘饰以彩绘为主，经济实惠，操作方便，色彩艳丽，是一种经济又美观的门扇装饰工艺。

门扇彩绘有时也和门扇雕刻结合使用，使门的装饰更加丰富立体。比如，涵盖彩绘、

---

① 曹嫒.论山西传统民居木雕门窗的装饰艺术 [J].美术文献，2018（1）：145.

云南建水朱家花园门扇上的雕饰

雕填、刻灰、金漆等工艺的门扇，精致美观，用料考究，可进一步彰显主人家的高贵地位与品位。

 嵌饰

门扇嵌饰以门钉和铺首衔环最为典型。

门钉最初发挥着固定门板、防火的作用，后来随着其排列越来越规范，逐渐具有了装饰作用和等级象征意义。根据材质，门钉有铁质、铜质、木质、石质之分，前三种材质的门钉在日常建筑上较为多见，石质的石乳钉抗腐蚀性较强，多用于地下陵墓的石门上。根据形状，门钉又有圆形和花瓣形之分，圆形雄浑大气，花瓣形雅致秀气。

除了讲究排列整齐、讲究数量，门钉上常施以涂彩、镏金等工艺，以彰显贵气。比如，北京故宫的一扇门上一般嵌九行九列共八十一个金色门钉，彰显了皇家"九五之尊"的崇高地位和富丽堂皇的建筑装饰风格。

铺首衔环是镶嵌于门扇上用于叩门、拉门的建筑构件，也是一种装饰构件，其装饰作用主要体现在衔门环的铺首的样式和工艺上。古建筑门上铺首的形象多为龙子铺首，龙生九子，传说铺首为龙的第九个儿子，其喜静、警醒，用来守门非常合适，也有螭、虎、狮等形象。铺首形象威武，瞪目张口，口中衔环，既方便客人来访叩门，又能彰显建筑的威严气势。

　　除上述几种门扇装饰外，门扇金饰也较为常见。金饰多与门扇雕刻、彩绘、嵌饰综合运用，在门扇立体或平面图案上、镶嵌物上施加贴金、镏金工艺，使门更加华丽。

古建筑大门上的铺首衔环

门框装饰：实用又美观

古建筑门框通常较为朴素，但由于不同地方的建筑特色与建筑风格不同，也会呈现出较强的地域性。

和门的其他部位装饰相比，门框的装饰要简约许多，但其具有简约而不简单的特点。比如，在门框上刻线槽形成直线条式的围边，或在门框上端角隅处添加几何形装饰[①]或以门框为底进行浮雕创作，使门框更加美观。

此外，古代门框以方形为主，建造过程比较简单，是绝大多数古建筑门框造型的首选。但一些建筑为突出变化性和给人以不一样的视觉效果，门框被设计成正圆、椭圆或其他形状的造型。比如，园林庭院的门框造型各异，有月门、海棠门、葫芦门等，门框的简单改变给

---

① 范松华.浅析中国古建筑之门框装饰[J].美术教育研究，2020（18）：113.

扬州何园八角门

人以眼前一亮的感觉。

　　不过，古人对门框的改造都是基于门框的坚固性，会充分考虑门框的跨度和受力，如城门多为拱形，具有建材少、受力强、坚固且美观的特点。

苏州沧浪亭葫芦门

门前装饰：望族标配，威立千年

门前装饰是一种非常外显的建筑装饰，外人不必进入宅院内便可通过门前装饰大致推断出主人家的家族财富和地位。可以说，门前装饰就是家宅建筑的一张"名片"，故而古代名门望族非常注重通过门前装饰来彰显家族威望。

门当和门前雕塑是古建筑门前的两种代表性装饰部件，门当最初与建筑相连，门前雕塑则独立于建筑外。

 门当

门当，又称抱鼓石、石镜，最初是宅门下门枕石（又称门礅、门座、镇门石等）的一部分。门枕石是门下支撑门框的长条形石块，与门垂直，形如枕头，分门内、门外两个部分。门内部分为较短的承托构件，门外部分为较长的平衡构件，门当即门枕石外部构件部分。

门当主要有箱形和兽形之分，古人认为瑞兽抱鼓喻示吉祥，可镇宅辟邪，所以狮、龙等瑞兽形象或瑞兽抱鼓形象的门当比较常见，也有只用抱鼓石装饰门前的情况。

门当通常雕刻有花、鸟、兽等纹饰，花鸟文雅灵动，充满生机，瑞兽形象生动，威武神气。门当既是美观的门前装饰，又可于门前立威，常见于各类古建筑中。比如，山西太原唱经楼门前的门当和湖南长沙岳麓书院门前的门当，雕饰繁复，雕工精细，各式纹样栩栩如生。

山西太原唱经楼门当　　　　　湖南长沙岳麓书院门当

 门前雕塑

古建筑的门前雕塑以石雕、铜雕为主，通常成对出现，放置于门前两侧。

门前雕塑与门当一样，有守门护院、驱邪避凶、增添建筑威严和彰显地位的作用。不过与门当相比，门前雕塑的体量更大，是家宅、宫殿、庙宇等门前的重要建筑装饰，给人的视觉感受更震撼，其装饰作用也更加明显。

通常，皇家重要建筑物前会设大型铜雕、石雕建筑装饰，雕塑形象通常为狮子、龙、凤、龟、象等瑞兽。比如，北京故宫太和殿门前的铜狮、北京颐和园仁寿殿门前的铜雕龙凤，及历代皇陵前神道两侧的石像生等，雕刻工艺精湛，造型霸气，有重要的装饰性和仪卫性作用，能凸显皇家地位的显赫。

官宦或商贾大户，会在宅院门口、园林院落入口处摆放石雕，以增强府邸气势和园林造景效果，彰显家宅贵气与雅致审美。市井大户人家也会在家宅门前放置石狮显示门第，只是石狮体量较小，不如官宦或商贾大户门前的石狮霸气、威风。

一些寺庙或道观门前也会设置门前雕塑，如河南洛阳白马寺门前两侧各有一只石狮，不远处还有一对石马雕刻，石马呈负重徐行姿态，线条流畅、古朴庄严，有很好的装饰效果。

北京故宫太和殿门前的铜狮

北京颐和园仁寿殿门前的铜雕龙凤

河南洛阳白马寺门前的石马

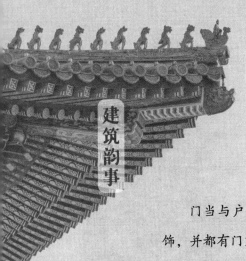

门当户对

　　门当与户对均为外显于古建筑门外的重要建筑装饰，并都有门第等级地位的象征意义。

　　门当与户对往往对应出现。古人社交讲究阶级对等，门当与户对等级相当的家族自然来往较多，子女联谊、联姻也比较普遍。久而久之，"门当户对"就演变成为表示男婚女嫁门第对应的成语。

门上"软装"：门匾、门联、门神画

　　门上"软装"如门匾、门联、门神画，本身不属于建筑构件，并非每一扇门都有这些装饰，但它们如能与门合理搭配，则可产生锦上添花的装饰效果。

　　重要建筑的门上通常会增加门匾、门联装饰。一方面，门匾和门联可凸显雕刻、书法、绘画等对门的美化装饰效果。比如，山西乔家大院的"会芳"匾额，其形似荷叶，叶边自然卷曲，叶脉清晰，栩栩如生，"会芳"二字浑厚遒劲，雕刻刀法在雄浑与精巧之间收放自如，巧夺天工，大大提升了门面的美观性。另一方面，门匾和门联具有一定的文化底蕴，可提升建筑和庭园景色的意境美，起到标明建筑地点、建筑地位、建筑景观特色，凸显建筑品位和品质等作用。比如，湖南岳麓书院院门处的门联："惟楚有材，于斯为盛。"上下联分别出自《左传》和《论语》，意指岳麓书院的悠久历史和人才辈出的教育地位。

　　门神画是民间百姓用在门上的重要装饰。门神画或为贴饰，或为绘饰，内容丰富，以人物为主，有将军、福神、天仙等，另有花卉、鸟兽、鱼等吉祥纹饰。画面以红色为底色，色彩绚烂，有驱邪、保平安的美好寓意。每逢春节，民间百姓会将门清洗装饰一番，然后贴春联、贴门神画，呈现出喜庆祥和的节日气氛。

山西乔家大院"会芳"牌匾

湖南岳麓书院门联

古窗：千变万化，极具魅力

　　古建筑的窗是用于采光和通风的建筑构件，其形制多样、材质丰富、形状各异，可谓千变万化、灵动无比，充满了古典浪漫风情。

　　古建筑的窗类型丰富，根据不同的分类标准，有不同的种类。

　　根据安装位置，结合窗的功能，古建筑的窗可以分为槛窗、风窗、护净窗、横风窗、支摘窗等。这些窗安装在墙面的不同位置，单个或成组出现，有不同的功能，给人以不同的视觉效果。

　　根据材质划分，古建筑的窗有木窗、石窗、砖瓦窗等。不同材质的窗有不同的艺术气韵，可呈现出不同的装饰效果。

　　根据形状划分，古建筑的窗有圆形、半圆形、方形、三角形、扇形、宝瓶形、葫芦形等诸多形状，样式无穷，形态优美。

　　古建筑的窗多设有棂格，棂格纹饰各式各样，极其灵动优美。有的窗甚至还有各类雕刻装饰，将窗户及整个建筑衬托得韵味十足。

在种类繁多的窗子中，空窗可以说是一种特殊的存在。空窗没有窗心，全部镂空，多见于园林的墙上，目的是便于观景。透过园林空窗，从一个空间透视到另一个空间，景色的空间转换可随人的移动实现一步一景。

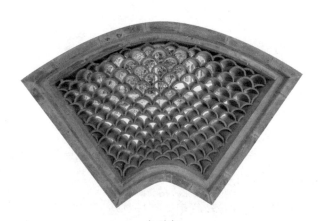

扇形窗

园林空窗

窗棂纹样：玩转光影美学

窗棂作为窗的格心，是采光、通风的重要部位。另外，它也是产生光影美学，让人们感受诗情画意之美的部位。

我国古建筑的窗棂纹样丰富，纹样及纹样组合不计其数，既有直棂、回纹、工字纹、井字纹、亚字纹、方格纹、风车纹、龟背锦、波纹、云纹、如意纹、梅花纹、海棠纹、冰裂纹等单个纹样，又有什锦类、连锁类、分格类等组合纹样。各种纹样又可嵌花、搭配装饰，令古建筑的窗呈现出不同的古韵，构成古建筑立面上一幅通透而立体的特殊装饰画。

阳光透过不同的窗棂纹样照进室内，可形成不同图案的投影。影随光移，窗棂纹样的美便可随着光从房间的一个角落移动到另一个角落，形成一种流动的光影美学。

站在室内，静看窗棂的光影缓缓移动，时间变得具象化，这正是古人在窗棂上留下的建筑巧思，也是独属于中国人的浪漫表达。时光流转，这份建筑的浪漫日复一日、年复一年地传承至今。

连锁类窗棂光影   分格类窗棂光影

花窗雕刻：精雕细琢，
美不胜收

花窗通常指构图精巧、雕饰精美的窗扇，是中国古建筑的重要构件。

古建筑花窗有浮雕、圆雕、线雕、镂空雕、通透雕、阴刻、阳刻等多种雕刻手法。不同雕刻手法并不单独使用，而是通常以一种雕刻手法为主，兼用其他雕刻方式，最后构成立体感强、层次分明的花窗雕刻图案。

古建筑花窗上的雕刻图案内容丰富，有植物图案、动物图案、字形等。雕刻图案还可搭配几何图案、冰裂纹、海棠纹、绳纹、钱纹等窗棂纹样，形成工艺多样、寓意吉祥的镂空效果。

我国古建筑花窗雕刻风格各异，呈现出建筑类型不同花窗风格亦不同的特点。通常来讲，园林花窗精雕细琢，重视造景，强调自然之趣；民居花窗雕刻则相对简约质朴，如徽州地区民居花窗雕刻典雅，岭南民居花窗雕刻精致等，各有特色，美不胜收。

苏州耦园花窗

徽派古民居花窗

第七章

——

夯基垒台，传承千年

古人择地而居，夯基垒台，立柱架梁，构筑成一座座或典雅或壮丽的中国古建筑。中国古建筑常立于高大台基之上，不仅稳固，而且威严，各类雕刻装饰间隔分布于台基之上，构成古建筑脚下华美的装饰。

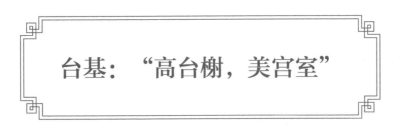

台基："高台榭，美宫室"

　　台基，又称基座，具体指建筑下面比较突出的平台，可简单理解为建筑物的底座。其具有防潮、防水、加固建筑的作用，也具有装饰建筑和彰显建筑等级的作用。

　　从发展历史来看，中国古建筑以追求"高大"为特色。先秦时期的"高台榭、美宫室"，秦汉时期的"非壮丽无以重威"的宫殿，魏晋时期盛行的"仙楼佛塔"，都体现了古人对高大建筑的追求。

　　中国古代宫殿建筑尤其追求宫阙之高和规模之大，如楚灵王的章华台、吴王夫差的姑苏台、秦始皇的阿房宫、北京故宫太和殿等，都建筑在高大的台基之上。

　　台基既能够加固建筑，防止建筑受潮，同时也能对建筑起到装饰作用。台基既能够体现建筑的高耸感，反映人们对高大建筑的追求，也能有效避免建筑外观"头重脚轻"的观感。同时，青石、汉白玉等不同材质的台基，能衬托出古建筑的华丽，而台基上精美的雕饰，更为古建筑增色不少。比如北京故宫太和殿的台基为汉白玉加工而成，共有 3 层，高 8 米有余，上刻精美图案，与色彩绚丽的宫殿相得益彰。

值得一提的是，古建筑的台基被赋予了权力和地位的象征，台基高度有严格的等级制度，通常台基高度越高，建筑等级越高。《礼记》中记载："天子之堂九尺，诸侯七尺，大夫五尺，士三尺。"这里的"堂"即建筑的台基。

北京故宫太和殿高大的汉白玉台基

普通基座、须弥座与复合型基座

根据建筑形式，台基具体可分为普通基座、须弥座与复合型基座三类。

普通基座多作为民居建筑、园林建筑、寺庙建筑的基座。普通基座通常少有华丽或精致的装饰，风格质朴，主要发挥建筑承重作用。

北京故宫三大殿须弥座

　　须弥座，又称金刚座、须弥坛，由佛座演变而来。须弥座最初用作坛庙主殿、佛塔、神兽雕塑、神龛等佛教建筑的基座，后也用作宫殿、华表、影壁等建筑的台基。

　　须弥座多分层叠造，各层形状各异、尺寸不同，有的还附有各种雕饰，如花卉、飞禽、走兽、人物或神佛造像等，内容丰富。比如，北京故宫三大殿（太和殿、中和殿、保和殿）的台基即为三层须弥座。其中，太和殿须弥座上层束腰处有精致的雕刻，下层须弥座突出螭首，无多余雕饰，整体简约大气。[①]

　　复合型基座是普通基座与须弥座的结合形式，台基分段设计，普通基座与须弥座搭配建造，形式更为复杂，也使得建筑高度与院落内其他建筑物更为协调。

①　刘捷.台基[M].北京：中国建筑工业出版社，2009：59.

月台：彰显古建筑气势

　　月台，又称露台，是古建筑台基上除建筑物外的空旷平面，是台基之上的活动空间。

　　月台可以使建筑有一个向地面过渡的空间，让规模宏大的建筑看上去不那么突兀且富有空间设计感。从月台到地面设有踏道，可供人上下台基，也有相邻建筑的月台通过通道相连的情况。如此，相邻建筑及其月台便可构成一个建筑群体。

　　结合建筑物的造型需求，月台可大可小，有些规模较大的台基月台周围会设栏杆，有雕刻装饰，也有的月台上会放置独体雕塑等。规模不同、装饰各异的月台能够充分彰显古建筑的地位与气势。

　　月台在古民居、宫殿和寺庙建筑中使用普遍，比如，在北京颐和园以及山西华严寺都可以见到既实用又壮丽的月台。

山西华严寺大雄宝殿月台

踏道：丰富空间层次

踏道，又称踏踩、踏步，指从台基顶部平面到地面的一级一级的台阶，多为砖砌或石筑。

从建筑形式来看，踏道有如意踏道、垂带踏道、斜坡踏道之分。如意踏道为三面开放式台阶，台阶从正前方和两侧看，皆为层级，可供人从三个方向上下台基。垂带踏道为一面阶梯台阶，台阶的两侧则用斜面垂带遮挡，有时垂带上还有几何纹饰、神兽图案等雕饰。斜坡踏道无台阶，有的会有细密的类似于锯齿状的砖棱或石棱，从台基顶部的建筑平面一直延伸到地面。

为了凸显建筑的美观与威严，一些重要建筑台基的踏道中间常有浮雕装饰，也称御道或丹陛。比如，北京故宫太和殿前踏道上的云龙浮雕，下部为海水江崖纹，中间云龙呈飞腾之势，周围有祥云、缠枝莲花纹等纹饰。这些浮雕既是精美的踏道装饰，也是皇权的象征。

　　整体来看，踏道不仅具有贯通台基上下的实用功能，更丰富了台基的空间层次，向内向上有将建筑重心和观赏目光汇聚到主体建筑物的作用，向外向下增强了主体建筑物和台基的延展性，使建筑空间显得更庄重、开阔。

古民居带有雕饰的垂带踏道

北京故宫太和殿前
路道上的云龙浮雕

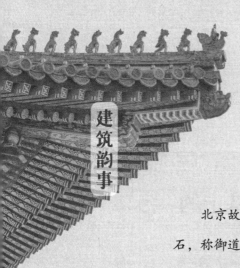

古代皇帝如何"走"丹陛

　　北京故宫宫殿前的踏道中间位置刻有精美浮雕的长石，称御道或丹陛。

　　明清时期，在举办重要庆典活动时，文武百官在殿前广场上整齐排列，皇帝和重要官员自踏道而上登上台基再进入大殿，率领百官参与庆典。那么，皇帝是如何"走"丹陛的呢？许多学者经研究一致认为，皇帝并不直接从丹陛上徒步走过，而是从两侧（一般为左侧）的台阶拾级而上，或乘坐轿辇从丹陛之上悬空通过，抬轿辇的人则走丹陛两侧台阶。

　　丹陛雕刻精美、繁复，并不平整，因此包括皇帝在内的任何人都不会徒步走丹陛。

螭首与角兽：台基上的点睛之笔

　　螭首是在台基的外侧、栏板下面雕刻而成的一个个兽头，是用于排水的建筑构件。

　　螭首形态威猛，其口半张，上吻上翘，目视前方，造型立体生动，线条流畅灵动，十分精美。螭首兼具实用与美观功能，是台基的重要排水系统，也是台基侧面和转角处的雕塑装饰。

　　与台阶侧面的螭首相比，台基转角处的螭首往往体量更大、雕刻更精美，更为突出。

　　在台基的转角处，有作为台基端口的平衡构件，即角石，可以稳定台基望柱，同时可使台基的四个角获得视觉平衡。为装饰角石，匠人会将角石雕刻成兽，称角兽，宋元以后此类装饰则极为少见。

　　螭首与角兽的存在，使台基的边缘不再单调，更富有生趣。天气晴好时，可细细观赏螭首与角兽的雕刻细节与雄姿；雨雪天气时，螭首与角兽呈现出千龙吐水之势，别有一番情趣，堪称台基的点睛之笔。

北京故宫台基螭首

栏杆：创意无限

在台基的边缘，整齐竖立的栏杆有着重要的防护作用，以防止人从台基上跌落。除建筑防护作用以外，古人还赋予栏杆重要的建筑装饰和造景作用，体现了古人在建筑美学上的无限创意。

古建筑台基周围毫无装饰的栏杆非常少见，大多数栏杆有丰富的造型、雕刻设计，不同造型和材质的栏杆可衬托出台基与台基上的建筑物不同的气势。雕刻花卉纹样的栏杆柱（又称望柱）精美秀丽，雕刻祥云、狮子纹样的栏杆柱端庄大气；汉白玉栏杆洁白晶莹，木质栏杆古朴典雅。样式各异的栏杆给了古建筑无限的创意空间，将古建筑衬托得更加精致。

台基的栏杆可在建筑空间中形成分隔效果，台基上下、踏道内外，因为栏杆的存在而自然形成不同建筑空间。而栏杆是半通透的空间隔断，并不完全隔绝不同建筑空间的"交流"，可以形成明暗、虚实、动静等传统空间造景审美，得到变化无穷的观景效果。

北京故宫台基上的栏杆

北京天坛台基上雕饰精美的栏杆柱

第八章 纵目古今，品悟古建筑装饰精髓

古建筑之美，美在每一个精细设计的巧思里，美在每一个融入匠心的细节中。不同时期、不同区域都有巧夺天工、令人为之惊叹的古建筑代表作，天花、影壁、马头墙、美人靠等，都是我国古建筑装饰的重要代表，是从古至今引领古建筑审美的瑰宝。

北京故宫天花与藻井：
古建筑最美天花板

天花是位于建筑内部顶部的建筑构件，在建筑构造上分为两类：井口天花和海墁天花，前者由木条和木板组装构成立体格子顶棚，后者将麻布和纸糊在木条上构成平面顶棚。藻井是天花上的装饰，为方形、圆形或多边形，向上凹进呈井状，有彩色雕刻或图案，给人以一种如苍穹般高远、深邃的视觉和心理感受。

天花与藻井是古建筑内顶部繁复华丽的建筑装饰，北京故宫内有我国古建筑最华丽的天花和藻井。

北京故宫古建筑规格高，用材好，制作工艺高超，有许多设计复杂、工艺精湛、装饰绚丽的天花与藻井。

太和殿内的金龙藻井分上、中、下三层，上圆、下方，中间为八角井，体现了中国古代"天圆地方"的观念。藻井中心处雕一条金龙，金龙俯视地面，口衔轩辕镜，气势威武庄严。

慈宁宫内的藻井雕刻双龙戏珠，既威严又活泼，周边为龙凤母体彩画。藻井金碧辉煌，天花端庄大气，结合雕刻与彩绘，寄寓了以龙主导、龙凤和谐共处的吉祥寓意。

万春亭与千秋亭是北京故宫内一对造型、构造相同的亭，仅藻井彩画有细微差别。万春亭内的天花绘双凤，藻井内置贴金雕龙，口衔宝珠；千秋亭内为贴金双凤平棋天花，藻井内置贴金雕龙。两亭藻井造型、雕刻、彩绘精美华丽。

北京故宫的藻井利用卯榫结构层层组合，构造复杂多样，以雕刻、彩绘、贴金等装饰其间，色彩绚丽，是古建筑最美的天花板。

北京故宫太和殿藻井

北京故宫慈宁宫藻井

北京故宫千秋亭藻井

山西大同影壁：光耀门庭，精美大气

影壁与照壁为我国古建筑的附属建筑，具有挡风、遮挡视线的作用。严格来说，在庭院内正对大门的墙垣称影壁，在庭院门外正对大

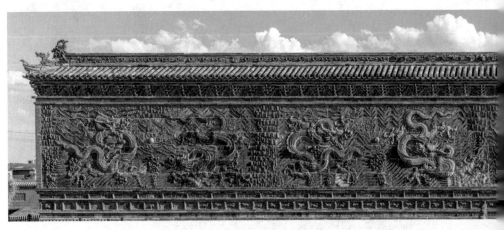

大同九龙壁

门的墙垣称照壁，现在影壁和照壁存在混称的现象。

目前，我国山西大同民居建筑的院落中有200余座保存完好的明清、民国时期的影壁。这些影壁多注重雕刻装饰，图案丰富，有动物、植物、文字、神话人物等，具有吉祥、长寿、富贵等美好寓意，表达了当地人们对生活的美好愿望，也体现了主人家的民俗文化喜好与审美。

在山西大同，有一座远近闻名的九龙壁，即明洪武年间代王朱桂（朱元璋第十三子）府邸门前的九龙琉璃影壁。该壁长45.5米，高8米，厚2.02米，规模宏大。[1]九龙琉璃影壁上的彩龙姿态各异，肢体舒展，线条流畅，栩栩如生，翱翔于彩云间。整个影壁雕刻精美，气势雄伟，彰显了明代大同代王府门庭的威严。

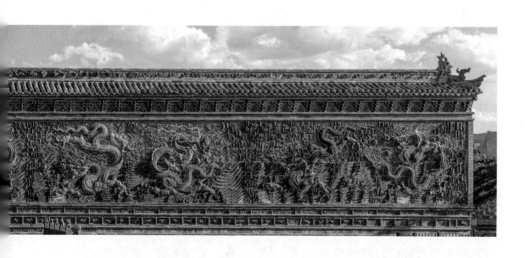

---

[1] 张海雁.山西大同影壁的图案艺术[J].南方文物，2016（2）：291.

大理白族民居照壁：
雅传家风，古色古香

我国云南地区大理白族民居建筑具有"三坊（房）一照壁"的特点，照壁以文字装饰，是家风传承的重要载体。

白族民居建筑"三坊（房）一照壁"的布局是由建筑依山而建的特点所决定的。这样的建筑特点既能确保家族成员聚居在一起，又能确保吹向院落的山风被照壁遮挡，同时避免院落中的人、物被山间行走、劳作的人窥视。

通常，白族民居照壁面向正房，高度比正房稍低，比两端院墙高，能起到很好的遮挡视线的作用，但又不会影响正房的采光与通风。白族人民喜欢用文字装饰照壁，照壁之上通常会抄写诗文、对联或其他具有吉祥或哲理寓意的字词，古色古香，书香浓郁，充分体现了主人家的文化底蕴，对居住在院落中的家庭成员来说，也能发挥很

云南大理白族古建筑照壁

好的警醒和教化作用。①

① 郭若思. 大理喜洲白族民居照壁的美学分析 [D]. 昆明：昆明理工大学，2017：9.

徽州民居马头墙：
诠释徽派建筑特色

马头墙是徽派建筑的特色。在安徽徽州地区的民居建筑中，一排排的马头墙高高耸立，呈现出千军万马齐头并进之势，展现出徽派建筑独有的风采。

马头墙在徽州当地有防火墙、封火墙、风火山墙之称，可见其最初的建筑功能是用于院落与院落之间的防火，起到隔绝火势蔓延的作用。

明清时期，徽商积累了大量的财富，他们荣归故里，在故乡大兴土木。但因古代社会对不同阶层的建筑形制有严格要求，民居建筑不得僭越阶层使用高等级的屋顶、斗拱、彩画，故而徽商"退而求其次"，追求建筑雕刻和马头墙的修筑。马头墙越

来越高大，墙上的雕刻装饰日益精细、精美，座头形式越来越丰富，有较高的观赏价值，并彰显了主人的建筑审美和文化品位。

徽州民居的马头墙有鹊尾式、印斗式、坐吻式等座头，墙头错落可叠高数层，上覆青瓦，以白灰粉刷墙面，给人以清爽明亮、积极向上的建筑姿态。

徽州古民居建筑的马头墙

岭南镬耳屋山墙：
状似镬耳，别具一格

　　镬耳屋，是我国岭南地区具有地方特色的房屋，房屋两侧有高高的山墙，山墙形似镬耳①，故有此山墙的房屋得名镬耳屋。

　　建造之初，镬耳屋的山墙与徽州民居的马头墙具有相似的建筑功能，即防火与隔热。因山墙的镬耳形状又似古代官帽，当地百姓认为修筑高大镬耳山墙可保佑子孙有美好的前程，于是，镬耳屋山墙日渐流行，成为当地的一种建筑风俗。

　　人们赋予了镬耳屋山墙以避火驱凶、衣食丰足、家族富贵的美好寓意。世家大户为彰显财富与地位，以高高的山墙作为载体，以浮雕装饰山墙，或在山墙外侧绘花鸟、人物等图案，使镬耳屋山墙更加

---

① 镬是古代的一种大锅，锅上方便抓握的耳称镬耳。

美观。

　　别具一格的镬耳屋山墙两两对称，立于房屋两侧，既是屋与屋之间高高的建筑隔断，也是屋与屋之间的特殊风景。镬耳屋山墙以青砖砌筑，覆灰瓦，边角飞翘，沿着墙顶端流畅曲线饰以雕刻，素雅大方而不失精致，成为岭南地区建筑的代表性装饰。

岭南镬耳屋建筑群

镬耳屋山墙细节

陕西水陆庵壁塑：
天下第一彩色连环壁塑

　　壁塑，可简单理解为墙壁上的雕塑。陕西水陆庵壁塑是集泥塑、雕刻、彩绘于一体的建筑装饰艺术，有"天下第一彩色连环壁塑"的美誉。

　　水陆庵位于陕西省蓝田县，庵内现存明代彩绘泥塑3700多尊，以佛教故事为主题，构成一幅300余平方米的佛教艺术连环彩画。水陆庵壁塑中的佛教人物形象之多，彩塑、彩绘装饰之繁复，故事情节之丰富、表现力之强令人称绝。

　　水陆庵壁塑中，彩绘泥塑在墙壁上层层叠叠铺展开来，不同泥塑的身姿、表情、服饰不同，人物先以泥塑出人形，用圆雕与浮雕雕琢形态，以彩绘描画佛像细节。放眼望去，各佛像交织错落，山水桥梁、殿宇楼阁、鸟兽花卉分布其间，演绎了不同的佛教故事，如佛的降生与涅槃的故事、经变故事等。故事人物虽多，但整体结构清晰，中正有序，连环展开。壁塑的每一个部分都栩栩如生，构成水陆庵中最华丽的一角。

山西飞虹塔琉璃塔壁：
流光溢彩，精美绝伦

　　飞虹塔位于山西洪洞县广胜寺内，是一座琉璃佛塔。飞虹塔周身饰琉璃雕刻，色彩绚丽，精美绝伦，是经世界纪录认证官方审核认定的"世界最高的多彩琉璃塔"。

　　飞虹塔始建于东汉时期，现存飞虹塔为明代重建的楼阁式琉璃塔。塔通高近50米，共13层，建筑平面为八角形，自下而上逐层缩减。塔身为砖砌，外加琉璃装饰，整体建筑气势雄伟、装饰华丽、挺拔俊秀。

　　飞虹塔塔内中空，可沿着塔内踏道登高而上。飞虹塔的塔外镶嵌有蓝、绿、黄、白、黑五彩琉璃雕饰，在阳光的照耀下，流光溢彩，如飞虹落在塔身，十分精美、壮观。

　　细看飞虹塔塔身各层的琉璃装饰，可见塔的每一层都设有琉璃出檐，檐的前端有不怒自威的武僧嫔伽形象的琉璃雕塑，其作用类似于官式建筑屋脊前端的"骑凤仙人"。塔身第三层设券拱门，正中有琉璃天王造像，天王造型各异，或驾龙，或跨兽，形象生动。自第三层至第十层，各砌有佛龛、门洞，佛像、菩萨、金刚等琉璃造像有序分布在各佛龛或门洞中，佛龛、门洞外的塔身另镶嵌有盘龙、翔凤、花卉、宝珠、祥云等饰物。每一层的饰物和谐统一，各层的饰物又各不相同，可见匠人构造之用心。

简而言之，飞虹塔整个琉璃塔壁的人物和饰物均精雕细琢、造型饱满而有质感，琉璃用彩明亮鲜艳，可谓精美绝伦。

飞虹塔

飞虹塔塔身
雕塑细节

北京卢沟桥"卢沟晓月"碑：
装点桥头风光

　　卢沟桥位于北京市丰台区永定河（卢沟河）上，在其东西两端共立有四座桥碑，"卢沟晓月"碑便是其中一座。①

　　"卢沟晓月"为"燕京八景"之一。卢沟桥气势恢宏，相传在月圆之夜，站在卢沟桥上望月，可见天上、桥两侧水中的"一天三月"奇观，"卢沟晓月"盛景名扬京城。

　　"卢沟晓月"碑建于清乾隆年间，碑的正面（西面）有乾隆皇帝亲题的"卢沟晓月"四字，碑的背面刻有乾隆皇帝的《卢沟晓月》诗。"卢沟晓月"碑碑身高 3.66 米、宽 1.27 米、厚 0.84 米，宝盖顶，周身刻有二龙戏珠图案，另有祥云、花卉等图案装饰。"卢沟

---

　　① 另三座桥碑分别为康熙"重修卢沟桥"碑、康熙"察永定河诗"碑、乾隆"重葺卢沟桥记"碑。

晓月"碑原有碑亭，如今只剩碑亭的汉白玉雕龙石柱。

　　"卢沟晓月"碑立于卢沟桥的桥头，是卢沟晓月美景的重要标志。同时，其集书法、雕刻等艺术于一身，本身也是桥头一道特殊的建筑和文化风景。

"卢沟晓月"碑

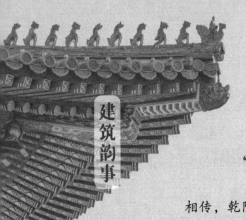

"芦沟桥"与"卢沟桥"

相传，乾隆皇帝在卢沟桥上望月后雅兴大发，题"卢沟晓月"四字，一时疏忽，竟将"蘆"（芦）写成"盧"（卢），少写了一个草字头。

"芦沟晓月"盛景早在金元时期就有史书记载，乾隆皇帝写错了字，又不想承认，于是找了个机会暗示大臣，称史书中存在不少错字，应及时订正，以免影响后人理解。大臣们心领神会，便择机通查史书，凡看到"芦沟桥"一律改为"卢沟桥"。由此，卢沟桥的称呼便逐渐流传开来。

扬州五亭桥桥亭：
黄瓦朱柱，秀丽如莲

五亭桥位于江苏省扬州市瘦西湖上，是我国江南地区著名古桥。五亭桥因桥上建有五座桥亭而得名，桥亭簇拥，从空中俯瞰，形似莲花盛开，故又名"莲花桥"。

五亭桥始建于清乾隆年间，桥上现存五亭曾于20世纪90年代重修。五亭桥的桥身用青石砌筑，桥下共有15个桥孔，可通南北和东西。桥中间部分平面呈"工"字形，五个桥亭正立于"工"字形平面之上，它们分别是龙泽亭、涌瑞亭、浮翠亭、澄祥亭、滋香亭。龙泽居中，涌瑞、浮翠二亭位于西侧，澄祥、滋香二亭位于东侧，亭与亭之间以短廊相连。

桥上五座桥亭皆为黄瓦朱柱，龙泽亭有下方上圆重檐，象征天圆地方，其余四亭为方形重檐或单檐。五座桥亭并肩而立，临水而

五亭桥

建，飞檐翘角，如五朵并蒂莲花盛开，灵动秀丽，令整座桥秀美无比，成为瘦西湖上绝美的建筑风光。

苏州园林美人靠：
为古建筑增添雅韵

美人靠，又称飞来椅、鹅颈椅，是一种带靠栏的长条椅。相传其最初源于古代阁楼建筑上的栏杆装饰，是古代女子倚靠憩息的地方，闺阁女子凭栏而坐，赏景抒情，美人靠由此得名。

园林建筑兴起后，美人靠被广泛应用于其中，以苏州园林中最为多见。苏州园林讲究建筑、山水、植被、文化之美，风格古朴典雅，景色曲径通幽，美人靠是苏州园林中的重要建筑和文化风景。

苏州园林的美人靠一般设置在楼、阁、亭、轩的四周或临水的一侧，靠栏通常有一个似鹅颈的弯曲弧度，宛如美人之腰。该设计非常符合人体工程学，结构独特，曲线优雅，人可以以一种非常放松的姿态坐着倚靠在上面。而且美人靠的靠栏上常饰以精致的雕花和彩绘，展现出婉约之美，与秀丽的园林景色相得益彰，体现了建筑与自然环境的完美融合。与友人同坐美人靠畅聊、赏景，或独自静坐于水边遐思，观赏水中的鳞波倒影，好不惬意。

苏州拙政园绿漪亭美人靠

苏州网师园月到风来亭美人靠

参考文献

[1] 高阳. 中国传统建筑装饰 [M]. 天津：百花文艺出版社，2009.

[2] 侯幼彬. 台基 [M]. 北京：中国建筑工业出版社，2016.

[3] 金夏. 中国建筑装饰 [M]. 合肥：黄山书社，2014.

[4] 刘捷. 台基 [M]. 北京：中国建筑工业出版社，2009.

[5] 刘淑婷. 中国传统建筑屋顶装饰艺术 [M]. 北京：机械工业出版社，2008.

[6] 楼庆西. 美轮美奂：中国建筑装饰艺术 [M]. 北京：中国建筑工业出版社，2013.

[7] 楼庆西. 砖雕石刻 [M]. 北京：清华大学出版社，2011.

[8] 宋国晓. 中国古建筑吉祥装饰 [M]. 北京：中国水利水电出版社，2008.

[9] 孙大章. 中国古代建筑装饰：雕·构·绘·塑 [M]. 北京：中国建筑工业出版社，2015.

[10] 孙振华. 中国古代雕塑史 [M]. 北京：中国青年出版社，2011.

[11] 王其钧. 中国建筑图解词典 [M]. 北京：机械工业出版社，

2016.

    [12] 犀然 . 中国雕塑 [M]. 北京：高等教育出版社，2009.

    [13] 辛克靖，李静淑 . 中国古建筑装饰图案 [M]. 郑州：河南美术
出版社，1990.

    [14] 中央美术学院美术史系中国美术史教研室 . 中国美术简史：
增订本 [M]. 北京：中国青年出版社，2002.

    [15] 庄裕光，胡石 . 中国古代建筑装饰：彩画 [M]. 南京：江苏美
术出版社，2007.

    [16] 庄裕光 . 屋宇霓裳：中国古代建筑装饰图说 [M]. 北京：机械
工业出版社，2013.

    [17] 高燕 . 陕西蓝田水陆庵壁塑悬塑保护修复研究 [D]. 西安：西
北大学，2015.

    [18] 郭若思 . 大理喜洲白族民居照壁的美学分析 [D]. 昆明：昆明
理工大学，2017.

    [19] 黄巧云 . 广州西关大屋民居研究 [D]. 广州：华南理工大学，
2017.

    [20] 李晋 . 河西魏晋墓壁画中的狩猎图研究 [D]. 兰州：西北师范
大学，2021.

    [21] 梁林娟 . 山西广胜寺飞虹塔装饰雕塑艺术研究 [D]. 景德镇：
景德镇陶瓷大学，2023.

    [22] 彭善文 . 徽州传统民居木作门窗研究 [D]. 合肥：安徽建筑大
学，2019.

    [23] 申云艳 . 中国古代瓦当研究 [D]. 北京：中国社会科学院研究

生院，2003.

[24] 陶蔚文. 徽州传统民居木雕门窗装饰艺术研究 [D]. 合肥：合肥工业大学，2019.

[25] 王一淼. 故宫古建筑外檐门窗样式与构造研究 [D]. 北京：北京建筑大学，2017.

[26] 吴仕超. 汉代文字瓦当形式与文字研究 [D]. 景德镇：景德镇陶瓷大学，2022.

[27] 曹媛. 论山西传统民居木雕门窗的装饰艺术 [J]. 美术文献，2018（1）：144–145.

[28] 曹云钢，张旖旎. 对汉代建筑明器中屋顶特征形式的初探 [J]. 山西建筑，2007（31）：33–34.

[29] 常科实. 浅谈中国古代台基形式的变迁 [J]. 山西建筑，2009（6）：30–31.

[30] 程万里. 古建筑的基座与柱础 [J]. 建筑工人，1992（10）：45–49.

[31] 大摩. 瑞兽与魔鬼：中西古建筑脊兽解密 [J]. 新知客，2007（10）：100–104.

[32] 范松华. 浅析中国古建筑之门框装饰 [J]. 美术教育研究，2020（18）：113–115.

[33] 胡朝焜，肖官衍，丁雅芬，等. 徽州传统民居墙体营造技艺之马头墙 [J]. 科学技术创新，2019（11）：121–122.

[34] 胡晓耕. 徽州彩绘壁画的历史形成、特征与价值 [J]. 黄山学院学报，2015（4）：82–85.

[35] 雷子强，雷子军，杨浩.浅析中国古建筑彩画的演变及发展[C]// 2017 年山东社科论坛：首届"传统建筑与非遗传承"学术研讨会论文集.济南：中国儒学年鉴社，2017：115，122-127，135.

[36] 何岩，成志.论中国古建筑的装饰特点 [J].绿色环保建材，2016（12）：224.

[37] 李倜.谈岭南灰塑的美学内涵及其现实意义 [J].艺术与设计（理论），2018（7）：129-131.

[38] 李媛.论中国古建筑屋顶的装饰特征 [J].现代装饰（理论），2012（10）：89.

[39] 刘凤君.世界古代陶塑艺术的明珠：秦始皇陵兵马俑艺术特色分析 [J].文博，1990（2）：51-55.

[40] 刘汉杰.鸱吻与跑兽：屋脊上的生花之笔 [J].初中生世界，2017（Z4）：96-97.

[41] 刘康，张金明，黄俊杰，等.陈家祠的灰塑装饰艺术特征及文化内涵 [J].中国建筑装饰装修，2022（18）：136-138.

[42] 刘妹.岭南建筑陶塑脊饰的文化艺术特征探究 [J].中国陶瓷，2013（8）：77-81.

[43] 楼庆西.中国古建筑木门窗文化 [J].中国建筑金属结构，2016（1）：60-63.

[44] 马天慧，张金营.古代建筑构件鸱吻的历史演变探究 [J].东方收藏.2023（1）：86-88.

[45] 孟卫东.汉代瓦当的形式构成美 [J].文艺研究，2010（11）：153-154.

[46] 史敏. 论故宫脊兽艺术 [J]. 美术教育研究，2015（4）：28.

[47] 宋尧，周学鹰. 徽州马头墙文化及其价值 [J]. 江淮论坛，2021（1）：106–111.

[48] 孙宗文. 影壁与照壁 [J]. 建筑知识，1982（2）：28–29.

[49] 田波，鲍继峰. 小议传统建筑中的栏杆意匠 [J]. 沈阳建筑大学学报（社会科学版），2006（4）：313–317.

[50] 王萌. 古代建筑上的"骑凤仙人" [J]. 人才资源开发，2018（9）：36.

[51] 王茹奕. 中国古建梁画分析：比较和玺彩画、旋子彩画、苏式彩画的异同 [J]. 美与时代（城市版），2016（4）：30–31.

[52] 江丽. 古建筑元素在现代建筑设计中的应用 [J]. 石材，2024（1）：22–24.

[53] 蒋广全. 中国建筑彩画讲座：第三讲：旋子彩画 [J]. 古建园林技术，2014（2）：10–19.

[54] 徐振远. 传统建筑的美化与保护：石质栏杆的表现作用 [J]. 建筑工人，2020（8）：44–47.

[55] 薛水生. 中国古代建筑屋顶装饰文化 [J]. 美术大观，2015（1）：70–71.

[56] 杨红. 清代皇家建筑苏式彩画 [J]. 收藏家，2005（7）：43–48.

[57] 张海雁. 山西大同影壁的图案艺术 [J]. 南方文物，2016（2）：291–294.

[58] 张一天. 浅析汉代瓦当装饰纹样的审美价值 [J]. 鞋类工艺与

设计，2023（14）：150-152.

[59] 张缨.中国传统建筑中的装饰艺术 [J].西南交通大学学报（社会科学版），2005（3）：97-101.

[60] 周鑫，吴卫.台基上的龙头：螭首探析 [J].苏州工艺美术职业技术学院学报，2012（2）：75-78.

[61] 朱遂."鸱吻"的异名和规范 [J].成都师范学院学报，2014（3）：29-31.

[62] 朱文丽，吴秀松.传统建筑装饰材料的种类及艺术特点 [J].砖瓦，2011（9）：48-50.